高等学校电子信息类"十三五"规划教材

CDIO 工程教育计算机专业实战系列教材

Linux 编程实战

主　编　王铁军

副主编　杨　昊

参　编　徐　虹

U0277509

西安电子科技大学出版社

内 容 简 介

本书共三篇，内容涵盖 Linux 操作系统下 C 语言编程的三大板块：基础编程、内核编程和并行编程。全书具体分 11 章，包括 Linux 下 Shell 脚本编程、Linux 下 C 语言编程基础、多进程编程、内核模块编程、字符设备编程、块设备编程、并行计算与并行程序设计、OpenMP 程序设计基础、OpenMP 程序设计进阶、MPI 程序设计基础、MPI 程序设计进阶。

本书从基础编程开始，循序渐进地让读者逐渐掌握 Linux 下 C 语言编程的各个方面，达到实战训练的目的。全书采用案例教学法编写，书中提供了大量相关实践案例及源代码，以帮助读者增强对所学知识的融会贯通，有效提高其工程实践能力。

本书适合普通高等院校计算机类专业作为 Linux 下 C 语言编程、操作系统实验、嵌入式开发、并行程序设计等课程的教材，同时也可以作为自学 Linux 下 C 语言编程爱好者的参考书。

图书在版编目(CIP)数据

Linux 编程实战 / 王铁军主编. —西安：西安电子科技大学出版社，2017.10
ISBN 978-7-5606-4706-7

Ⅰ. ① L⋯　Ⅱ. ① 王⋯　　Ⅲ. ① Linux 操作系统—程序设计　Ⅳ. ① TP316.85

中国版本图书馆 CIP 数据核字(2017)第 226890 号

策　　划　李惠萍
责任编辑　杜　萍　雷鸿俊
出版发行　西安电子科技大学出版社(西安市太白南路 2 号)
电　　话　(029)88242885　88201467　　　邮　　编　710071
网　　址　www.xduph.com　　　　　　　电子邮箱　xdupfxb001@163.com
经　　销　新华书店
印刷单位　陕西利达印务有限责任公司
版　　次　2017 年 10 月第 1 版　2017 年 10 月第 1 次印刷
开　　本　787 毫米×1092 毫米　1/16　印　张　10
字　　数　227 千字
印　　数　1～2000 册
定　　价　19.00 元

ISBN 978-7-5606-4706-7 / TP

XDUP 4998001-1

中国电子教育学会高教分会推荐
高等学校电子信息类"十三五"规划教材
CDIO 工程教育计算机专业实战系列教材

编审专家委员会名单

主　任　何　嘉

副主任　魏　维

编审人员（排名不分先后）：

方　睿	吴　锡	王铁军	邹茂扬	李莉丽
廖德钦	鄢田云	黄　敏	杨　昊	陈海宁
张　欢	徐　虹	李　庆	余贞侠	叶　斌
卿　静	文　武			

前　言

Linux 是一种自由的、开放源代码的类 UNIX 操作系统。目前，Linux 操作系统已经被广泛地移植到各种硬件平台，成为应用最为广泛、使用人数最多的操作系统。同时，当下诸多新技术，如云计算、物联网、大数据、并行计算、人工智能，其底层几乎无一例外地选用了 Linux 操作系统。因此，掌握 Linux 操作系统的基本操作并能够在其上进行编程开发，已经成为计算机类专业学生以及相关方向科研人员必备的技能之一。

本书旨在通过循序渐进的方式，向读者介绍 Linux 操作系统下的 C 语言编程。本书由三篇组成，内容涵盖 Linux 操作系统下 C 语言编程的三大板块：基础编程、内核编程和并行编程。本书结构规范，系统性强，实例丰富，理论与实践相结合。作者采用案例教学法编写，书中提供了大量相关实践案例及其源代码，以帮助读者增强对所学知识的融会贯通，有效提高其工程实践能力。在阅读本书之前，要求读者具有最基本的 Linux 操作系统使用能力和 C 语言编程基础。

本书具有如下特点：

➢ 实战教学。本书在介绍基础知识的基础上，提供了丰富的案例、源代码和参考结果，方便读者在实战中学习。

➢ 通俗易懂。本书在编写过程中充分考虑到各层次的读者水平，以浅显的语言描述了相对深奥的计算机专业知识，通俗易懂，适合各层次学生和专业人士选用。

➢ 循序渐进。本书从三个方面由浅入深地介绍 Linux 下的 C 语言编程，读者既可以从第 1 章开始阅读学习，也可以根据自己的实际情况从不同篇章入手开始阅读学习，同时也可以将本书作为参考书进行查阅。

➢ 启发式教学。在大部分章节后面，作者根据书中所介绍的内容，给读者提供了一些习题，从这些习题入手，读者可以对书中知识点进行拓展学习，提高学习的深度。

本书由王铁军、杨昊、徐虹和郭龚编写，其中，王铁军负责编写第 2 章的部分内容、第 4 章的部分内容以及第 5 章、第 6 章，并负责全书的组织和统稿；杨昊负责编写第 7～11 章的内容；徐虹负责编写第 3 章、第 4 章的部分内容；郭龚负责编写第 1 章、第 2 章的部分内容，并负责全书审稿工作。特别感谢西安电子科技大学出版社李惠萍编辑对本书编写所提出的宝贵意见，使得本书得以不断改进和完善。

按照编写目标，编者进行了许多思考和努力。由于编者水平有限，书中难免仍有疏漏和不妥之处，恳请读者批评指正，以便我们不断改进。

作者联系信箱 *tjw@cuit.edu.cn*。

编　者
2017 年 6 月

目　录

中篇 Linux 编程实战之内核编程实战

下篇　Linux 编程实战之并行编程实战

上篇

Linux 编程实战之基础编程实战

　　Linux 操作系统经过二十多年的发展，已逐步形成了一个非常完善的生态系统。为了更加高效地使用和管理 Linux 操作系统，来自全世界的开发者不断开发出多个版本的 Shell。使用 Shell 编写脚本程序，可以帮助 Linux 操作系统的管理员和使用者高效开发出功能强大的程序，实现特定的功能。能够理解和编写 Shell 脚本，已经成为熟练掌握 Linux 操作系统、进行操作系统运维的一个重要指标。此外，作为服务器端或嵌入式方面的开发人员，能否在 Linux 操作系统上进行 C 语言的开发和调试，同样是衡量一个开发人员的重要依据。

　　本篇由三章组成，分别从 Shell 脚本编程、C 语言编程和多进程编程三个方面向读者介绍 Linux 操作系统下的基础编程方法。其中，第 1 章首先介绍了 Linux 操作系统下 Shell 的常识性概念，重点介绍了 Bash 的语法，最后通过实例介绍如何在 Linux 操作系统下编写一个简单的脚本程序；第 2 章主要介绍了 Linux 操作系统下进行 C 语言编程所需要掌握的基本理论知识和所使用的工具，通过实例讲解 C 语言编译执行的过程、gcc 编译器的使用、Makefile 文件的编写以及调试工具 gdb 的使用方法；第 3 章首先介绍了 Linux 操作系统中进程的表示，其次给出了进程间通信的相关函数，最后通过信号和管道两个实例，向读者介绍了多进程编程的方法。

　　学习本篇内容之前，读者应该掌握基本的 Linux 命令和 C 语言语法。通过本篇内容的学习，读者可以对 Linux 操作系统下 Shell 编程和 C 语言编程具有一定的认识，能够编写出简单的 Shell 脚本。

第 1 章　Linux 下 Shell 脚本编程

1.1　Linux Shell 简介

Shell 是操作系统提供的用户界面之一，如图 1-1 所示，它是用户与 Linux 操作系统内核之间进行交互操作的一种接口。除了 Shell 之外，用户还可以通过 X Window 或其他应用程序与操作系统内核交互，实现对计算机硬件的控制。

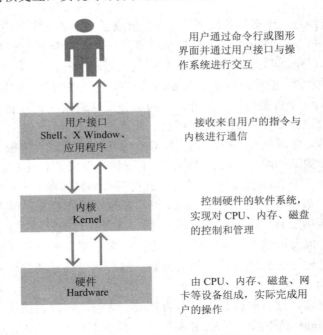

图 1-1　用户与操作系统相关性示意图

虽然有多种方式可以实现与 Linux 操作系统内核的交互，但是有以下几点原因使得我们需要使用 Shell：

(1) Linux 操作系统存在很多不同的发行版本，包括 Redhat、Ubuntu、CentOS、Slackware、Debian、Fedora、openSUSE、红旗、中标麒麟等。不同的发行版本间都存在或多或少的差异，其提供的 X Window 和应用程序集合都略有不同，给用户的使用和管理带来障碍。而所有的发行版本均提供了标准的 Shell 接口，可以实现轻松切换。

(2) 如果需要远程使用和管理 Linux 系统，特别是 Linux 服务器，使用 Shell 是最为便捷的一种途径。而且，通过 Shell 远程访问 Linux 系统，可以降低对网络带宽和延迟的需求。

(3) 如果需要让 Linux 系统自动或定期实现某些功能，Shell 脚本编程是 Linux 操作系统管理的一大利器。此外，Shell 脚本编程还可以实现诸多复杂的功能，相对于 C、Java 等语言的编程而言，Shell 编程代码编写效率高。

目前，有多种 Shell 环境可供用户选择，图 1-2 给出了 1977 年以来出现在 Linux 操作系统中 Shell 环境的主要序列。

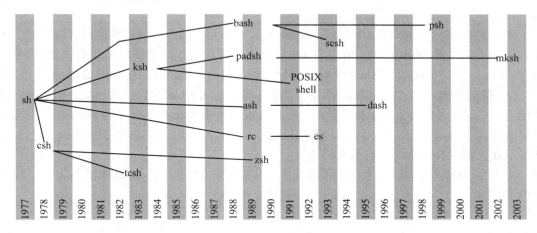

图 1-2　1977 年以来出现的 Linux Shell 环境

以下是 CentOS 发行版本自带的 Shell 环境：

(1) /bin/sh：已经被 /bin/bash 所取代。

(2) /bin/bash：是目前 Linux 操作系统发行版本中默认的 Shell 环境。

(3) /bin/ksh：Kornshell 是由 AT&T 贝尔实验室发展而来的，兼容 Bash。

(4) /bin/tcsh：整合 C Shell，提供更多的功能。

(5) /bin/csh：即 C Shell，已经被/bin/tcsh 所取代。

(6) /bin/zsh：基于 ksh 发展而来的，提供功能更强大的 Shell 环境。

一个 Shell 的系统架构如图 1-3 所示。在用户空间，Shell 环境接受用户的输入，通过对输入内容(一个字符串，包括命令及参数)进行词法分析和解析，判断用户输入的命令是否符合规定。如果没有问题则对命令进行扩展，最后执行用户输入的命令；否则输出错误信息反馈给用户。命令在执行过程中通过系统调用实现与内核的交互，完成相应功能。

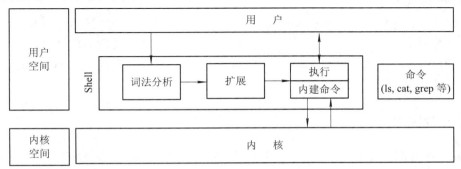

图 1-3　Shell 的系统架构

在 Shell 环境下，用户可以输入并执行的命令(Command)分为内建命令(Built-ins)和外部命令。常见的内建命令包括 cd、source、true、false、continue、break、exit、logout 等，这

些内建命令集成在某一个 Shell 环境中，不同的 Shell 环境包含不同的内建命令。外部命令则是以可执行文件的形式存在于文件系统中，如在/bin 目录下存在 pwd、ls、date、mv 等，这些外部命令独立于 Shell 环境单独存在。

在 Shell 环境下，可以通过执行 Shell 命令(包括内建命令和外部命令)实现用户与操作系统内核间的交互。此时，命令的执行方式有以下两种：

(1) 交互式(Interactive)：用户登录 Linux 操作系统后，操作系统内核通过读取用户的配置文件激活某一种 Shell 环境。在该 Shell 环境下，用户输入该 Shell 环境可以识别的合法命令。用户输入一条命令，Shell 就解释执行一条，周而复始，直到用户退出该 Shell 环境。

(2) 批处理(Batch)：交互方式下用户可以直接看到 Shell 命令执行的结果，但是执行效率低，且必须有人值守。为了提高效率，用户可以事先将多条需要执行的 Shell 命令写入一个文本文件，通常称该文件为 Shell 脚本(Script)。此时，用户可以在 Shell 环境中运行该脚本，从而完成对其包含的所有命令的执行。

由于 Bash 是目前绝大多数 Linux 发行版本中默认的 Shell 环境，因此本章重点介绍 Bash 环境下的编程。

1.2　Bash 编程基础

1.2.1　术语定义

· 空白符：一个空格或者制表符。

· 内建命令：在 Bash 内部集成(即安装了 Bash 环境就自带的命令)，而不是文件系统中由某个可执行文件实现的一些命令。

· 控制运算符：实现控制功能的一些符号，包括换行符 "\n" 以及 "‖"、"&&"、"&"、";"、";;"、"|"、"|&"、"(" 或 ")"。

· 返回值(退出状态)：命令返回给调用者的一个值。因为这个值(二进制)不得超过八位，所以其最大值是 255。在 Linux 操作系统中，如果一个命令成功执行，则结果返回值为 0；否则返回非 0 值。

· 保留字：保留字是计算机编程语言中的一个术语，指在高级编程语言本身已经定义过的字(字符或字符串)，编程人员不能再将这些字作为变量名或过程名使用。保留字包括：!、case、coproc、do、done、elif、else、esac、fi、for、function、if、in、select、then、until、while、{、}、time、[[、]]。

1.2.2　环境变量

在几乎所有的 Shell 环境中都支持环境变量。环境变量被命令、Shell 脚本和可执行程序使用。用户通过定义或修改环境变量的值可对操作系统、应用程序、脚本或命令的行为进行干预或改变。

环境变量根据其作用域可分为系统级环境变量和用户级环境变量。其中，系统级环境变量可被系统中所有用户访问和共享；用户级环境变量只在定义该环境变量的用户空间使用。用户级环境变量的优先级高于系统级环境变量，即如果用户定义了与系统级相同名称的环境变量，则该用户空间的应用程序、脚本和命令只会访问用户级环境变量的值，而此时其他用户依然访问的是系统级环境变量。

1．变量定义

在 Bash 中定义环境变量的标准方法如下：

```
$ myvar="This is my environment variable!"
```

以上命令定义了一个名为"myvar"的环境变量，该环境变量的值为字符串 "This is my environment variable!"。注："myvar"左侧的美元符号"$"是命令提示符，由 Shell 环境自动输出，用户不必自行键入。定义环境变量有两点注意事项：

第一，在等号(=)的两边没有空格，任何空格将导致错误；

第二，虽然在定义一个单词(中间没有空白符)时可以省略引号，但是当定义的环境变量值有多个单词(即多个单词间有空白符，包含空格或制表键)时，双引号是必需的。

在脚本中定义变量的语法和定义环境变量的方法相同，只不过两者的作用域不同。默认情况下，在脚本中定义的变量只在脚本执行过程中有效。如果希望退出脚本后依然有效，需要使用如下语法将脚本中定义的变量导出为环境变量：

```
export JAVA_HOME = "/usr/local/java"
```

或者

```
JAVA_HOME = "/usr/local/java"
export JAVA_HOME
```

2．变量使用

可以用如下方法使用定义好的环境变量：

```
$ echo $myvar
This is my environment variable!
```

echo 是 Linux 操作系统下的一个命令，用于输出指定的字符串。通过在环境变量 myvar 的前面加上一个 $ 符号，可以使 Bash 用 myvar 的值"This is my environment variable!"替换它，这在 Bash 术语中叫做"变量扩展"。

定义变量时，通常情况下双引号和单引号没有区分。但是在变量扩展时，如果定义的变量包含对其他变量的引用或特殊符号，则两者有所区别。例如：

```
$ a = "this is a string."
$ b = "$a is a var."
$ echo $b
this is a string. is a var.
```

此时，在输出变量 b 时，会用变量 a 的值进行变量扩展。但是，如果在定义变量 c 时使用单引号，如：

```
$ c = '$a is a var.'
$ echo $c
$a is a var.
```

则此时不进行变量替换，$a 被作为一个字符串输出。

　　但是，不能将变量引用与其他字符串进行拼接使用，例如：

```
$ echo foo$myvarbar
foo
```

　　我们希望会显示"fooThis is my environment variable! bar"，但却不是这样。此时，Bash 变量扩展陷入了困惑，因为它无法识别要扩展的变量是 $m、$my、$myvar 还是 $myvarbar。为了解决这一问题，可以通过在变量名称外侧加入一对花括号进行解决，例如：

```
$ echo foo${myvar}bar
fooThis is my environment variable!bar
```

即：当变量两侧没有用空白符(空格或制表键)与周围文本分开时，需要使用更明确的花括号形式。

1.2.3　命令替换

　　命令替换可获取一个命令执行的输出结果。例如，将一个命令执行的输出结果赋值给一个变量，如下所示：

```
$ MYDIR = `dirname /usr/local/share/doc/foo/foo.txt`
$ echo $MYDIR
/usr/local/share/doc/foo
```

　　命令替换的语法是将要执行的命令以反引号(`)括起。注意：不是单引号，而是键盘中通常位于 Tab 键上的反引号。此外，还可以用 Bash 备用命令替换语法来做同样的事，如下所示：

```
$ MYDIR = $(dirname /usr/local/share/doc/foo/foo.txt)
$ echo $MYDIR
/usr/local/share/doc/foo
```

　　使用 $( )进行命令替换，可以方便查看代码的用户(因为在某些字体下，单引号和反引号很难区分)，同时还可以方便进行任意深度的命令替换嵌套。

1.2.4　${ }变量替换

　　${ }用来作变量替换。一般情况下，$var 与 ${var}并无区别，但是用 ${ } 会比较精确地界定变量名称的范围，例如：

```
$ A = B
$ echo $AB
```

原本是打算先将$A 的结果替换出来，然后再补一个字母 B 于其后，但在命令行上却不会输出任何内容(即此时 Bash 只会认为需要输出变量 AB 的值，但是因为没有定义变量 AB，所以输出为空)。若此时通过 ${ } 进行变量替换，就不会出现上述问题。例如：

```
$ echo ${A}B
BB
```

${ } 在进行变量替换的同时，还可以支持一些特殊功能。例如，我们定义了一个变量 file 如下：

```
file = /dir1/dir2/dir3/my.file.txt
```

1. 变量内容截取[①]

变量内容截取说明见表 1-1。

表 1-1　变量内容截取

变　量	取　值	说　明
${file#*/}	dir1/dir2/dir3/my.file.txt	拿掉第一个"/"及其左边的字符串
${file##*/}	my.file.txt	拿掉最后一个"/"及其左边的字符串
${file#*.}	file.txt	拿掉第一个"."及其左边的字符串
${file##*.}	txt	拿掉最后一个"."及其左边的字符串
${file%/*}	/dir1/dir2/dir3	拿掉最后一个"/"及其右边的字符串
${file%%/*}	(空值)	拿掉第一个"/"及其右边的字符串
${file%.*}	/dir1/dir2/dir3/my.file	拿掉最后一个"."及其右边的字符串
${file%%.*}	/dir1/dir2/dir3/my	拿掉第一个"."及其右边的字符串

2. 变量长度截取

变量长度截取说明见表 1-2。字符从左到右进行编号，编号从 0 开始。

表 1-2　变量长度截取

变　量	值	说　明
${file:0:5}	/dir1	提取最左边的 5 个字节
${file:5:5}	/dir2	提取第 5 个字节右边的连续 5 个字节

3. 变量值的字符串替换

变量值的字符串替换说明见表 1-3。

表 1-3　变量值的字符串替换

变　量	值	说　明
${file/dir/path}	/path1/dir2/dir3/my.file.txt	将第一个 dir 替换为 path
${file//dir/path}	/path1/path2/path3/my.file.txt	将全部 dir 替换为 path

---

① 记忆方法：# 是去掉左边(在键盘上 # 在 $ 之左边)；% 是去掉右边(在键盘上 % 在 $ 之右边)；单一符号是最小匹配；两个符号是最大匹配。

4．不同变量状态赋值

针对不同变量状态赋值(没设定、空值、非空值)说明见表1-4。

表1-4 不同变量状态赋值

变 量	说 明
${file-my.file.txt}	假如$file 没有设定，则使用 my.file.txt 作传回值(空值及非空值时不作处理)
${file:-my.file.txt}	假如$file 没有设定或为空值，则使用 my.file.txt 作传回值(非空值时不作处理)
${file+my.file.txt}	不管$file 为何值，均使用 my.file.txt 作传回值
${file:+my.file.txt}	若$file 为非空值，则使用 my.file.txt 作传回值(没设定及空值时不作处理)
${file = my.file.txt}	若$file 没设定，则使用 my.file.txt 作传回值，同时将 $file 赋值为 my.file.txt。(空值及非空值时不作处理)
${file := my.file.txt}	若 $file 没设定或为空值，则使用 my.file.txt 作传回值，同时将 $file 赋值为 my.file.txt(非空值时不作处理)
${file?my.file.txt}	若 $file 没设定，则将 my.file.txt 输出至 STDERR(空值及非空值时不作处理)
${file:?my.file.txt}	若 $file 没设定或为空值，则将 my.file.txt 输出至 STDERR(非空值时不作处理)

5．计算出变量值的长度

利用 ${#file}可得到变量 file 的字符串长度，因为 /dir1/dir2/dir3/my.file.txt 刚好是 27 个字节，所以输出内容为 27。

1.2.5 数组 array

如果采用如下方式定义变量 A：

```
A = "a b c def"
```

则变量 A 只是一个单一的字符串，但是若改为如下形式定义变量 A：

```
A = (a b c def)
```

则此时变量 A 被定义为一个数组。在 Bash 环境中，数组支持如表 1-5 所示操作。

表 1-5 数组操作说明

操 作	说 明
${A[@]}或${A[*]}	可得到 a、b、c、def(全部数组元素)
${A[0]}	可得到 a(第一个数组元素)，${A[1]}为第二个数组元素，以此类推
${#A[@]}或${#A[*]}	可得到 4(全部数组元素的数量)
${#A[0]}	可得到 1(即第一个数组元素 a 的字符串长度)，${#A[3]}可得到 3(第四个数组元素 def 的字符串长度)
A[3] = xyz	将第四个数组元素重新定义为 xyz

1.2.6 if 语句

与大多数语言一样，Bash 有自己的条件语句。在使用时，要遵循以下格式：将 if 和 then

放在不同行，并使 else 和结束处必需的 fi 与它们首字母垂直对齐。这将使代码易于阅读和调试。除了 if 和 else 形式之外，还有其他形式的 if 语句：

与 C 语言一样，Bash 提供了 if(条件)语句。只有当 condition 为真时，才执行 then 之后的 action1 操作，否则执行 action2 操作，并继续执行 fi 之后的代码。

```
if [[ condition ]]
then
        action1
else
        action2
fi
```

与 C 语言不同的是：条件 condition 使用一对方括号括起来，并且保证在 if、[[、condition、]]之间必须插入空白符；then 要另起一行，或者在右方括号(]])后面用分号(；)隔开；使用 fi 作为 if 语句的结束，两者成对出现(不一定要对齐)。此外，还可以使用如下 elif 形式的 if 语句。

```
if [[ condition ]]; then
        action1
elif [[ condition2 ]]; then
        action2
elif [[ condition3 ]]; then
        actionk
else
        actionx
fi
```

1.2.7　位置参数

在脚本编程时，可能需要在运行脚本的时候给脚本传递参数，称这种通过命令行传递给脚本的参数为"位置参数"。在脚本中，分别通过 $1、$2、$3… 来引用命令行传递的第一个、第二个、第三个……参数。例如，在如下脚本中引用命令行传递函数：

```
#!/usr/bin/env bash

echo all arguments are $@
echo name of script is $0
echo first argument is $1
echo second argument is $2
echo seventeenth argument is $17
echo number of arguments is $#
```

其中，$0 将扩展成从命令行调用的脚本名称；$# 将扩展成传递给脚本的命令行相应位置参数的个数；$@ 将扩展成命令行的所有参数，即从 $1 到最后[①]。

上面的例子中，需要注意的是对第 17 个位置参数的引用，运行这段脚本可以发现如下输出：

```
$ ./test.sh 1 2 3 4 5 6 7 8 9 10 11 12 13 14 15 16 17 18
all arguments are 1 2 3 4 5 6 7 8 9 10 11 12 13 14 15 16 17 18
name of script is ./test.sh
first argument is 1
second argument is 2
seventeenth argument is 17
number of arguments is 18
```

此时似乎没有问题，但是，如果将命令行参数进行如下改变，则得到不同的输出：

```
$ ./test.sh 2 2 3 4 5 6 7 8 9 10 11 12 13 14 15 16 17 18
all arguments are 1 2 3 4 5 6 7 8 9 10 11 12 13 14 15 16 17 18
name of script is ./test.sh
first argument is 2
second argument is 2
seventeenth argument is 27
number of arguments is 18
```

分析原因可以发现，如果像脚本中所示的那样，希望通过 $17 实现对第 17 个位置参数的引用，是无法达到目的的。实际上，此时 Bash 将字符串 "$17" 解析为将对第一个位置参数的引用 "$1" 和字符串 "7" 链接起来，所以第二次输出结果显示的是

```
seventeenth argument is 27
```

因此，如果希望实现对第 17 个位置参数的引用，需要采用 ${17}的形式。

1.2.8 条件表达式

条件表达式通过使用复合命令 "[["、内建命令 test 和 "[" 来检测文件属性，执行字符串运算和数值的比较。表达式可以是单目操作或者双目操作，单目条件表达式常用来检测文件的属性，双目条件表达式通常用来做字符串比较运算符和数值比较运算符。具体描述如表 1-6 所示。

---

① 很多时候 "$*" 和 "$@" 等价，可以互换。但是，实际上 "$@" 被扩展为 "$1"、"$2"、"$3"…，但是 "$*" 却是被扩展为 "$1c$2c$3c…"，其中字符 c 是变量 IFS 的第一个值的内容。因为 IFS 的第一个值通常是空格，所以很多时候表现出来的是两者一致。

表 1-6　条件表达式

运算符	描　述	示　例
文件属性检测运算符		
-e filename	如果 filename 存在，则为真	[-e /var/log/syslog]
-d filename	如果 filename 为目录，则为真	[-d /tmp/mydir]
-f filename	如果 filename 为常规文件，则为真	[-f /usr/bin/grep]
-L filename	如果 filename 为符号链接，则为真	[-L /usr/bin/grep]
-r filename	如果 filename 可读，则为真	[-r /var/log/syslog]
-w filename	如果 filename 可写，则为真	[-w /var/mytmp.txt]
-x filename	如果 filename 可执行，则为真	[-L /usr/bin/grep]
filename1-nt filename2	如果 filename1 比 filename2 新，则为真	[/tmp/install/etc/services -nt /etc/services]
filename1-ot filename2	如果 filename1 比 filename2 旧，则为真	[/boot/bzImage -ot arch/i386/boot/bzImage]
字符串比较运算符(请注意引号的使用，这是防止空格扰乱代码的好方法)		
-z string	如果 string 长度为零，则为真	[-z "$myvar"]
-n string	如果 string 长度非零，则为真	[-n "$myvar"]
string1 = string2	如果 string1 与 string2 相同，则为真	["$myvar" = "one two three"]
string1 != string2	如果 string1 与 string2 不同，则为真	["$myvar" != "one two three"]
数值比较运算符		
num1-eq num2	等于	[3 -eq $mynum]
num1-ne num2	不等于	[3 -ne $mynum]
num1-lt num2	小于	[3 -lt $mynum]
num1-le num2	小于或等于	[3 -le $mynum]
num1-gt num2	大于	[3 -gt $mynum]
num1-ge num2	大于或等于	[3 -ge $mynum]

有几种不同的方法均可进行特定的比较。例如，以下两个代码段的功能相同：

```
if [[ "$myvar" -eq 3 ]]
then
  echo "myvar equals 3"
fi
```

与

```
if [[ "$myvar" = "3" ]]
then
  echo "myvar equals 3"
fi
```

上面两段代码执行相同的比较功能，但是第一个使用数值比较运算符，而第二个使用字符串比较运算符。

1.2.9　Bash 命令

1. 简单命令

简单命令是 Bash 的基本构成单位，它仅仅包括由空白符分隔的多个单词，其结尾是一个控制运算符。构成简单命令的第一个单词是要执行的命令，而后续单词都被视为该命令的参数。

简单命令的退出状态是 POSIX 中 waitpid 函数规定的退出状态，如果该命令由一个信号 n 终止，则其退出状态是 128+n。

2. 管道

管道是由控制字符"|"或"|&"分隔开的一系列简单命令，其格式为

```
[time [-p]] [!] 命令一  [[| 或 |&] 命令二 ...]
```

管道里面每个命令的输出都经由管道与下一个命令的输入相连接，即每个命令都去读取上一个命令的输出，这种连接在命令中指定重定向之前就已经进行了。

如果使用了"|&"，则命令一的标准错误输出将会和命令二的标准输入相连，这是 2>&1| 的简写形式。这种对标准错误输出的隐含重定向是在命令中指定的任何重定向之后进行的。

保留字"time"能够在管道执行完毕后输出其执行时间的统计信息，这个统计信息包括执行该命令所花费的总时间以及用户和系统时间。-p 选项使得管道输出形式与 POSIX 中规定的格式相同。

管道的退出状态是构成管道的若干命令中最后一个的退出状态(除非打开了 pipefail 选项)。如果打开了 pipefail 选项，则管道的返回状态是最后一个返回非零的那个命令的状态；如果所有命令都成功执行，则返回零；如果管道的前端有保留字"!"，则其返回状态是按照如上所说规则再进行逻辑取反。Bash 等待管道里面的所有命令结束后才返回一个值。

3. 命令列表

命令列表可以是一个命令，或者(更多的时候)是由运算符"；"、"&"、"&&"、"‖"分割的多个命令的组合，最后还可以(可选的)由"；"、"&"或换行符结束[①]。

在上述提到的命令列表运算符中，"&&"和"‖"具有同样的优先级；其次是"；"和"&"，这两个也有同样的优先级。在命令列表中可以使用一个或多个换行符分隔命令，这与分号是等价的。

---

① 默认情况下，使用分号(；)或换行符表示一个 Bash 命令的结束，所以如果需要将多条命令写在同一行代码(没有使用换行符)中时，命令之间可以使用分号(；)进行分割。由分号(；)分隔的命令将依次从左到右相继执行，后面的命令需要等待前面命令结束后方可执行，且整个返回状态是最后执行命令的返回结果。命令以 & 符号结尾，表示该命令将在后台执行，此时 Bash 并不等待该命令的结束，而直接返回状态 0。

运算符 && 表示"与",运算符 ∥ 表示"或",并按照左结合的方法执行。例如,用运算符与(&&)连接的命令列表具有如下形式:

命令一 && 命令二

其中,当且仅当命令一的返回值为真①时才执行命令二,否则命令二不被执行,且整个命令列表返回值为命令一的返回值。

由运算符或(∥)连接的命令列表具有如下形式:

命令一 ∥ 命令二

此时,运算符或(∥)与运算符与(&&)的含义正好相反,当且仅当命令一的返回值为假时才执行命令二,否则当命令一返回真时命令二不会被执行,而是直接结束执行整个命令列表,并返回真。

1.2.10 命令组合

在 Bash 中,有时需要在一定条件下一次执行多个命令。也就是说,要么不执行,要么就全执行,而不是像命令列表中"或"和"与"运算符中提到的那样,每次依序地判断是否要执行下一个命令。

此时,可以通过命令组合将多个命令放在一起作为整体执行。此外,当通过命令组合方式把命令组织在一起时,可以对整个命令组合进行重定向。例如,命令组合中所有命令的输出都可以重定向到一个流中。Bash 提供了两种方式用来实现命令组合。

1. (命令列表)

把命令列表放在括号中间就会创建一个子 Shell 环境,并在这个子 Shell 中执行该列表中的每个命令。因为命令列表是在子 Shell 中执行的,所以在子 Shell 结束后,子 Shell 中的所有变量赋值将不会对当前 Shell 环境产生影响。

2. { 命令列表; }

把命令列表放在大括号中,这列命令就会在当前 Shell 环境中执行。也就是说,此时命令列表执行结束后对变量的赋值会依然有效。需要注意的是,大括号内命令列表后面的分号(;)或者换行符是必需的。

1.2.11 循环结构

Bash 支持以下的循环结构。需要注意的是,在介绍命令的语法时,不管在哪里使用了";",都可以用一个或多个换行符来代替。

1. until

until 命令的语法格式是

until 测试命令; do 命令块; done

---

① 在 Shell 脚本和命令中,一个命令的返回值为 0,表示真;否则返回其他值,表示假。

只要测试命令返回假值，就执行命令块。其返回值是命令块中最后一个被执行的命令的返回值。如果命令块没有被执行，则返回零。

2．while

while 命令的语法格式是

```
while 测试命令; do 命令块; done
```

只要测试命令返回真值，就执行命令块。其返回值是命令块中最后一个被执行的命令的返回值。如果命令块没有被执行，则返回零。

3．for

for 命令的语法格式是

```
for 变量 [ [ in   单词列表: ] ; ] do 命令块; done
```

将单词列表的每个元素都赋值给变量并执行一次命令块。如果没有"[in 单词列表]"这部分，则 for 依次对每个位置参数都执行一次命令块，就好像指定了 [in $@] 一样。其返回值是命令块中最后一个被执行的命令的返回值。如果对单词列表的扩展没有得到任何元素，则不执行任何命令并返回零。

for 命令还支持另外一种格式(类似 C 语言中的 for 循环):

```
for (( 表达式一 ; 表达式二 ; 表达式三 )); do 命令块 ; done
```

首先，对算术表达式一求值，然后不断地对表达式二求值，直到其结果为零(即表达式二取值为真)。在每次求值时，如果表达式二的值不是零，则执行一次命令块，并且计算表达式三的值。如果省略了任意一个表达式，则效果就好像该表达式总是返回 1。其返回值是命令块中最后一个被执行的命令的返回值。如果表达式的值都为假，则返回零。

可以使用内置命令 break 和 continue 来控制循环命令的执行。

从标准的 for 循环开始，这里有一个简单的例子:

```
#!/usr/bin/env bash

for x in one two three four
do
    echo number $x
done
```

输出:

```
number one
number two
number three
number four
```

在 for 循环中，for x 部分定义了一个名为 $x 的循环控制变量，它的值被依次设置为"one"、"two"、"three"和"four"。每一次赋值之后，执行一次循环体(do 和 done 之间的代码)。在循环体内，像其他环境变量一样，使用标准的变量扩展语法来引用循环控制变量"$x"。注意，for 循环总是接收 in 语句之后的某种类型的单词列表。在本例中，指定了四个英语单词，但是单词列表也可以引用磁盘上的文件，甚至是文件通配符。

下面的例子演示了如何使用标准 Bash 的通配符。

```
#!/usr/bin/env bash

for fn in /etc/r*; do
    if [ -d "$fn" ]; then
        echo "$fn (dir)"
    else
        echo "$fn"
    fi
done
```

输出：

```
/etc/rc.d (dir)
/etc/resolv.conf
/etc/resolv.conf~
/etc/rpc
```

以上代码列出了在 /etc 中每个以"r"开头的文件。要做到这点，Bash 在执行循环之前首先取得通配符"/etc/r*"，然后扩展它，用字符串"/etc/rc.d"、"/etc/resolv.conf"、"/etc/resolv.conf~"、"/etc/rpc"替换。一旦进入循环，判断循环控制变量"fn"是否为目录，根据"-d"条件判断的结果执行不同的操作。如果是目录，则将"(dir)"附加到输出行，否则直接输出文件名"fn"。

还可以在字列表中使用多个通配符，甚至是环境变量，例如：

```
for x in /etc/r--? /var/lo* /home/drobbins/mystuff/* /tmp/${MYPATH}/*
do
    cp $x /mnt/mydir
done
```

Bash 将在所有正确位置上执行通配符和环境变量扩展，并可能创建一个非常长的字列表。虽然所有通配符扩展示例使用了绝对路径，但也可以使用相对路径，如下所示：

```
for x in ..
do
    echo $x is a silly file
done
```

在上例中，Bash 相对于当前工作目录执行通配符扩展，就像在命令行中使用相对路径一样。如果在通配符中使用绝对路径，Bash 将通配符扩展成一个绝对路径列表；否则，Bash 将在后面的单词列表中使用相对路径。如果只引用当前工作目录中的文件(例如输入"for x in *"），则产生的文件列表将没有路径信息的前缀。

在学习另一类型的循环结构之前，最好先熟悉如何执行算术运算。

1.2.12　算术运算

使用 Bash 结构可以执行简单的整数运算，只需将特定的算术表达式用"$(("和"))"括起就可以计算表达式。如下面的例子：

```
$ echo $(( 100 / 3 ))
33
$ myvar = "56"
$ echo $(( $myvar + 12 ))
68
$ echo $(( $myvar - $myvar ))
0
$ myvar = $(( $myvar + 1 ))
$ echo $myvar
57
```

1.2.13　case 语句

case 语句是另一种便利的条件结构。下面给出一段示例，根据文件不同的扩展名使用不同的命令对其进行解压缩。

```
case "${x##*.}" in
gz)
    gunzip ${x}
    ;;
bz2)
    bunzip2 ${x}
    ;;
*)
    echo "Archive format not recognized."
    exit
    ;;
esac
```

在该例中，Bash 首先扩展"${x##*.}"。其中，"$x"是文件的名称，"${x##*.}"是除去文件中最后句点后文本左侧的所有文本。然后，Bash 将产生的字符串与")"左边列出的值做比较。在本例中，"${x##*.}"先与"gz"比较，其次是与"bz2"比较，最后是与"*"比较。如果"${x##*.}"与这些字符串或模式中的任何一个相匹配，则执行紧接")"之后的行，直到";;"为止，然后 Bash 继续执行结束符"esac"之后的行。如果不与任何模式或字符串匹配，则不执行任何代码。在这个特殊的代码片段中，至少要执行一个代码块，因为任何不与"gz"或"bz2"匹配的字符串都将与"*"模式匹配。

1.2.14　函数与名称空间

与其他过程语言(如 Pascal 和 C)类似，用户可以在 Bash 中定义函数，函数可以使用与脚本接收命令行变量类似的方式(位置参数)来接收函数参数。下面的例子通过判断传递给函数 tarview 的第一个参数(函数内部通过 $1 对其进行引用)的后缀，分别对"tar"、"gz"和"bz2"进行不同的处理。

```
tarview() {
    echo -n "Displaying contents of $1"
    if [ ${1##*.} = tar ]; then
        echo "(uncompressed tar)"
        tar tvf $1
    elif [ ${1##*.} = gz ]; then
        echo "(gzip-compressed tar)"
        tar tzvf $1
    elif [ ${1##*.} = bz2 ]; then
        echo "(bzip2-compressed tar)"
        cat $1 | bzip2 -d | tar tvf -
    fi
}
```

在执行函数 tarview 时，它确定参数所代表的文件是哪种压缩文件类型(未压缩的、gzip压缩的或 bzip2 压缩的)，打印一行消息后显示"tar"文件的内容。

在 C 语言中，如果在一个函数内部定义了一个同外部相同名称的局部变量，则在函数内对该局部变量的任何修改在该函数退出之后将失效。但是，在 Bash 中，每当在函数内部创建了环境变量，就将其添加到全局名称空间(与 Bash 相对应的进程相关联)。这意味着，函数内对该变量的修改将覆盖函数外的全局变量，并在函数退出之后不失效。在下面的例子中，在函数内定义了变量 myvar 并对其进行了重新赋值"one"、"two"、"three"，在函数 myfunc 退出之后变量 myvar 的值发生了变化。同时，在函数 myfunc 内部声明的"临时"变量 x，在函数退出执行后依然有效。

```
#!/usr/bin/env bash

myvar = "hello"

myfunc() {
    myvar = "one two three"
    for x in $myvar; do
        echo $x
```

```
        done
}

myfunc

echo $myvar $x
```

函数运行后的输出结果如下：

```
one
two
three
one two three three
```

这显示了函数中定义的变量 myvar 可以影响全局变量 myvar，同时变量 x 在函数退出之后继续存在(如果全局变量 x 存在，也将受到影响)。

注意：变量 myvar 和 x 在脚本退出执行后将失效。原因是脚本运行时 Bash 关联的是一个新的进程，上述两个变量的生命周期仅在新创建的进程中有效，而当脚本退出执行后将失效。

为了避免函数 myfunc 的内部变量 myvar 覆盖外部变量的值，可以通过在函数内部声明变量 myvar 时使用 local 命令，Bash 将这些使用 local 修饰的变量放在局部名称空间中，就不会影响任何全局变量。

1.3 Bash 编程实例

1.3.1 #!符号

编写 Shell 脚本，可以理解为将若干个需要自动执行的 Shell 命令编写在一个文本文件中。但是，为了让 Linux 操作系统知道如何来执行一个脚本(文本文件)，所以约定在脚本文件的第一行通过特殊格式告知应该使用何种命令解释器运行该文件中的命令。这种格式为

```
#!/bin/bash
```

或

```
#!/bin/env bash
```

需要注意以下几个问题：

(1) #! 符号的读音是 Sha-Bang。此处，Sha-Bang 是 Sharp(#)和 Bang(!)两个英文单词的组合词。

(2) #! 符号所在行应该位于脚本的第一行，并且顶格写。

(3) #! 符号的作用是告知该脚本使用的是哪种命令解释器，并不是可有可无的。虽然很

多情况下省略了 Sha-Bang(#!)脚本仍然能够运行，这是由于系统在此时使用了默认的解释器。

(4) 推荐使用第二种方式书写，这样可以增强脚本的可移植性。

1.3.2 赋可执行权限

Bash 编程中，需要为脚本赋可执行权限。例如，执行如下命令为 test.sh 文件赋权限。

```
chmod +x test.sh
```

在文件前面加上如下内容，可以使其成为脚本文件。

```
#!/bin/bash
```

通过如下命令可以运行 Shell 脚本：

```
./test.sh
```

1.3.3 脚本实例

根据前面讲到的知识，结合对 Linux 文件系统的掌握，编写满足如下要求的两个 Bash 脚本程序。

1．脚本 1

要求：编写一段 Bash 脚本，计算并输出从 1 到 100 的和。

提示：可以使用 for 或 while 循环，引入局部变量对循环进行计数，引入局部变量计算中间结果。

2．脚本 2

要求：Shell 脚本运行时需要传入一个参数，该参数用于指定目标路径，将目标路径中的所有目录名称输出到/tmp/dir.txt 文件中，并且将目标路径中的所有文件名称输出到/tmp/files.txt 文件中。

提示：可以使用如下语句进行文件的遍历：

```
for filename in `ls`
```

可以采用以下方式确定一个文件的类型是目录文件还是普通文件：

```
ls –F
```

然后通过如下条件表达式进行匹配：

```
if [[ $filename =~ (.*\/$) ]]
```

3．脚本 3

要求：编写脚本读入一系列文本文件，将多个文件的内容合并到一个文本文件中。其中，这些文件的文件名中可能包含有空格，如"002 - First Peoples.txt"。

提示：同样可以使用脚本 2 中的 for 语句遍历所有文件，但是，此处的难点在于如何处理包含有空格的文件名。默认情况下，Shell 通过变量 IFS(内部域分隔符)对字符串进行分割，变量 IFS 的默认值是 <空格><制表符><换行符>，可以运行如下命令查看 IFS 的值：

```
cat -etv <<<"$IFS"
```

可以通过修改 IFS 的值，去掉原有的 <空格> 和 <制表符>，只保留 <换行符>，这样就可以解决被空格分开的问题。但是，如何将换行符赋值给 IFS？请读者自己思考。

习　题

1. 在命令行中输入命令(实际上是一个字符串)，Bash 是如何解析这个字符串的？其过程如何？

2. 为什么 cd 是一个内建命令，而不能是一个外部命令？

第 2 章　Linux 下 C 语言编程基础

2.1　C 语言的编译和执行

　　编译器(Compiler)是一种计算机程序，它会将用某种编程语言(例如 C 语言)写成的源代码(原始语言)，转换成另一种编程语言(目标语言)。它主要的目的是将便于人编写、阅读、维护的高级计算机语言所写作的源代码程序翻译为计算机能解读、运行的低阶机器语言的程序，也就是可执行文件。编译器将源代码作为输入，翻译产生使用目标语言(Target language)的等价程序。源代码一般为高级语言，如 Pascal、C、C++、C#、Java 等，而目标语言则是汇编语言或目标机器的目标代码，有时也称作机器代码。

　　C 语言是一个高级语言，通过 C 语言编写的程序必须经过编译之后才可以被执行。编译是我们常常使用的一个词汇，但是实际上 C 语言的编译需要经过预处理器→编译器→汇编器→链接器的处理，最后生成可执行程序，整个流程如图 2-1 所示。

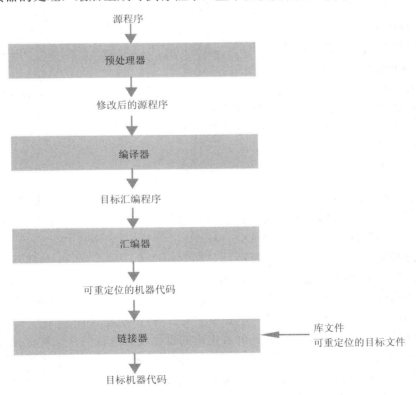

图 2-1　高级语言处理过程

2.1.1 预处理阶段

预处理阶段在正式的编译阶段之前，根据源文件中的预处理指令来修改源文件的内容。例如，#include <stdio.h> 指令会把 stdio.h 文件的内容(及其所包含的其他文件的内容)插入到源文件中。这个在编译之前修改源文件的方式提供了很大的灵活性，以适应不同的计算机和操作系统环境。因为在不同的编译环境下，可用的硬件体系结构和操作系统均有可能不一样，所以相应的一个环境所需要的可执行代码跟另一个环境所需要的可执行代码也可能有所不同。很多时候，我们会把用于在不同环境下实现相同功能的代码放在同一个文件中，再在预处理阶段修改代码使之适应相应的环境。

在预处理阶段，预处理器主要是进行以下几方面的工作。

(1) 宏定义指令，如 #define NAME cuit。

对于这种预处理宏指令，预编译所要做的是将程序中所有的"NAME"用"cuit"来替换。与之相对应的还有 #undef，是取消对某个宏的定义，使之在后面出现时不再被替换。

(2) 条件编译指令，如 #ifdef、#ifndef、#else、#elif、#endif。

这些伪指令的引入使得程序员可以通过定义不同的宏来决定编译程序需要对哪些代码进行处理。换言之，也就是预编译程序将根据有关的文件，将那些不必要的代码过滤掉。

(3) 头文件包含指令，如 #include。

在头文件中一般用预处理宏指令 #define 定义大量的宏，同时包含各种外部符号的声明。预编译程序将把源代码中包含的多个头文件中所有的定义均加入到所产生的输出 .i 文件中，供编译程序处理。在 Linux 下，C 语言源程序中引用头文件的方式有两种：

① 如果该头文件是操作系统提供的，通常情况下这些头文件存放在 /usr/include/ 目录下，此时 #include 要使用尖括号(< >)；

② 如果头文件是开发人员自定义的(通常与 C 源程序放在同一目录下)，或者是其他不包含在 /usr/include/ 目录下的应用库提供的，此时 #include 要使用 " "。

下一步，此输出文件将作为编译程序的输入而被翻译成为机器指令。

2.1.2 编译阶段

编译阶段主要完成对经过预处理输出的 .i 文件进行编译和优化。此时，编译器所要做的工作就是通过词法分析和语法分析，在确认所有指令都符合语法规则之后，将其翻译成等价的中间代码或汇编代码。

优化处理是编译系统中一项比较复杂而且高深的技术，它涉及的问题不仅同编译技术有关，而且跟机器的硬件环境也有关。优化的一部分工作是对中间代码的优化，这种优化不依赖于具体的计算机，主要优化工作是删除公共表达式和无用赋值，进行循环优化(代码外提、强度削弱、变换循环控制条件、已知量的合并等)和复写传播等。

代码优化的另一部分工作则主要是针对生成的目标代码进行的，这种优化与硬件环境关系紧密(此时生成的代码无法实现不同硬件平台间的移植)。此时需要考虑的是如何充分利用机器的各个硬件寄存器存放不同变量的值，以减少对内存的访问次数，以及如何根据机器硬件执行指令的特点对指令进行一些调整，进而提高目标代码的执行效率。

2.1.3　汇编阶段

汇编指把汇编语言代码翻译成目标机器指令的过程。在汇编器生成的目标文件中，存放的是与源程序等效的目标机器语言代码。目标文件由段组成，通常一个目标文件由代码段、数据段和 BSS 段三部分组成。

(1) 代码段：主要存放的是程序的指令。该段一般是可读和可执行的，通常情况下不允许写入。

(2) 数据段：主要存放的是已初始化的全局变量和局部静态变量。一般数据段都是可读、可写、可执行的。

(3) BSS(Block Started by Symbol)段：主要存放的是未初始化的全局变量和局部静态变量。与数据段分开是因为此时变量的值为 0，故不需要在目标文件中为其分配空间，只要记录需要分配空间的大小，供程序加载时使用即可。

在 Linux 操作系统中，目标文件使用 ELF(Executable and Linkable Format)格式。该文件主要由文件头(ELF header)、代码段(.text)、数据段(.data)、BSS 段(.bss)、只读数据段(.rodata)、段表(section table)、符号表(symtab)、字符串表(strtab)、重定位表(.rel.text)组成。ELF 文件格式主要有以下三种：

(1) 可重定位目标文件。文件保存着代码和适当的数据，用来和其他的目标文件一起创建一个可执行文件或者是一个共享目标文件。可重定位目标文件就是我们常说的目标文件或者静态库文件，即 Linux 下后缀为 .a 和 .o 的文件。

(2) 共享目标文件，即共享库文件。共享目标文件保存着代码和适当的数据，用来被动态链接器链接。通常情况下，其在 Linux 下后缀为 .so 的文件。

(3) 可执行目标文件，即一个可以被操作系统用来创建一个进程的文件，可直接运行。

汇编程序生成的实际上是第一种类型的目标文件。由汇编器生成的这类目标文件并不能直接被执行，因为在该目标文件中可能还有许多未被解决的问题。例如，某个源文件中的函数可能引用了另一个源文件中定义的某个符号(如变量或者函数调用等)，在程序中可能调用了某个库文件中的函数，等等。所有的这些问题，都需要经链接器的处理方能得以解决。

2.1.4　链接阶段

链接器的主要工作就是将有关的目标文件彼此相连，即把在一个文件中引用的符号同该符号在另外一个文件中给出的定义连接在一起，使得所有的这些目标文件能够成为一个可以被操作系统装入执行的统一整体。

根据开发人员指定的与其他库函数的链接方式的不同，链接处理可分为两种。

1. 静态链接

在这种方式下，被引用函数的代码将从包含这些代码的静态链接库中被拷贝到可执行程序中。这样一来，运行该可执行程序时，这些代码将被装入到对应进程的虚拟地址空间中。静态链接库实际上是一个目标文件的集合，其中的每个文件含有库中的一个或者一组相关函数的代码。

2．动态链接

在此种方式下，函数的代码被放到称作动态链接库或共享对象的某个目标文件中。链接程序此时所做的只是在最终的可执行程序中记录下共享对象的名字以及其他少量的登记信息。在可执行文件被执行时，动态链接库的全部内容将被映射到运行时相应进程的虚地址空间，动态链接器将根据可执行程序中记录的信息找到相应的函数代码。

对于可执行文件中的函数调用，可分别采用动态链接或静态链接的方法。使用动态链接能够使最终的可执行文件比较短小(没有将函数部分拷贝)，并且当共享对象被多个进程使用时能节约一些内存，因为在内存中只需要保存一份共享对象的代码。但并不是使用动态链接就一定比使用静态链接优越，在某些情况下，动态链接可能带来一些性能上的损害。

2.2　GCC 及主要运行参数介绍

GCC 是 GNU 组织编译器的集合(GNU Compiler Collection，简称为 GCC)，能够编译用 C、C++、Object C、Fortran、Ada 和 Go 语言编写的程序。目前，最新版本是 2017 年 4 月 20 日发布的 GCC 7.1，在 Redhat 企业版 Linux 6.5 中默认使用的是 GCC 4.4.7。而我们通常所说的 gcc，实际上只是 GCC 中的一个专门针对 C 和 C++语言的编译器。

表 2-1 给出了 gcc 的常用选项。

表 2-1　gcc 常用选项列表

后缀名	所对应的语言
-c	只编译不链接，生成目标文件 ".o"
-S	只编译不汇编，生成汇编代码
-E	只进行预编译，不作其他处理
-g	在生成的可执行程序中包含标准调试信息，用于 gdb 调试
-o file	把输出文件输出到 file 里
-v	打印出编译器内部编译各过程的命令行信息和编译器的版本
-I dir	在头文件的搜索路径列表中添加 dir 目录
-L dir	在库文件的搜索路径列表中添加 dir 目录
-static	链接静态库
-library	链接名为 library 的库文件

下面，假设需要通过 gcc 处理如下 Hello world 程序。

```
#include <stdio.h>
int main(int argc, char** argv) {
    printf("Hello world!\n");
    return 0;
}
```

2.2.1 预处理

运行如下命令可以告诉 gcc 在对 hello.c 文件进行预处理后停止，不进行后续编译操作。

```
gcc -E hello.c -o hello.i
```

输出的 hello.i 文件内容很多，原来仅 5 行代码的 hello.c 文件生成了 852 行的 ".i" 文件(不同的系统下生成的经过预处理文件的大小会有所不同)。下面仅仅是 hello.i 文件的一小部分，可以看出来增加了很多内容。

```
# 1 "hello.c"
# 1 "<built-in>"
# 1 "<command-line>"
# 1 "hello.c"
# 1 "/usr/include/stdio.h" 1 3 4
# 28 "/usr/include/stdio.h" 3 4
# 1 "/usr/include/features.h" 1 3 4
# 361 "/usr/include/features.h" 3 4
# 1 "/usr/include/sys/cdefs.h" 1 3 4
# 365 "/usr/include/sys/cdefs.h" 3 4
# 1 "/usr/include/bits/wordsize.h" 1 3 4
# 366 "/usr/include/sys/cdefs.h" 2 3 4
# 362 "/usr/include/features.h" 2 3 4
# 385 "/usr/include/features.h" 3 4
# 1 "/usr/include/gnu/stubs.h" 1 3 4
```

2.2.2 编译

运行如下命令可以告诉 gcc 在对 hello.i 文件(输入文件也可以使 hello.c 源文件)进行编译后停止，不进行后续汇编操作。

```
gcc -S hello.i -o hello.s
```

下面是生成的汇编语言的文件内容：

```
1            .file    "hello.c"
2            .section        .rodata
3    .LC0:
4            .string "Hello world!"
5            .text
6    .globl main
7            .type    main, @function
8    main:
```

```
9      .LFB0:
10             .cfi_startproc
11             pushq     %rbp
12             .cfi_def_cfa_offset 16
13             .cfi_offset 6, -16
14             movq      %rsp, %rbp
15             .cfi_def_cfa_register 6
16             subq      $16, %rsp
17             movl      %edi, -4(%rbp)
18             movq      %rsi, -16(%rbp)
19             movl      $.LC0, %edi
20             call      puts
21             movl      $0, %eax
22             leave
23             .cfi_def_cfa 7, 8
24             ret
25             .cfi_endproc
26      .LFE0:
27             .size     main, .-main
28             .ident    "GCC: (GNU) 4.4.7 20120313 (Red Hat 4.4.7-4)"
29             .section          .note.GNU-stack, "", @progbits
```

具体说明如下：

第 1 行：声明文件的名字。

第 2 行：标记只读数据。

第 3 行：定义了一个标签.LC0 用来标记第 4 行字符串 "Hello world！"，并且该字符串是只读的。

第 5 行：text 段存放已编译程序。

第 6/7 行：声明全局符号和函数。

第 8/9 行：定义标签 main 和.LFB0，标记 main 函数的开始。

第 10 行：表示一个函数的开始，与第 25 行内容(表示一个函数结束)配对出现[①]。

第 11 行：保存调用者函数的栈底地址。

第 14/15/16 行：将 main 函数所在栈帧[②]的栈顶指针作为被调用函数 printf 的栈底指针，记录 printf 函数的返回地址，并为 printf 开辟一个新的 16 字节的栈帧空间。

第 17/18/19 行：存放传递给 printf 函数的参数。

第 20 行：系统调用打印 Hello world!字符串。

---

① CFI(Call Frame Information)相关的 .cfi_startproc、cfi_endproc、cfi_def_cfa_offset offset、.cfi_def_cfa reg, offset 等指令用于调试时使用，跟踪函数的调用过程。

② 关于栈帧和函数调用的说明，可以参考 http://www.unixwiz.net/techtips/win32-callconv-asm.html。

第 21 行：将返回结果清 0。

第 22 行：leave 指令相当于如下两个指令(减少指令执行周期)，用于返回 main 函数。

movq %rbp %rsp：撤销栈空间，回滚 %rsp。

popq %rbp：恢复上一个栈帧的 %rbp。

当发生函数调用的时候，栈空间中存放的数据操作如下：

(1) 调用者函数(main)把被调函数(printf)所需要的参数按照与被调函数的形参顺序相反的次序压入栈中，即从右向左依次把被调函数所需要的参数压入栈。

(2) 调用者函数使用 call 指令调用被调函数，并把 call 指令的下一条指令的地址当成返回地址压入栈中(这个压栈操作隐含在 call 指令中)。

(3) 在被调函数中，被调函数会先保存调用者函数的栈底地址(第 11 行：pushq %rbp)，然后再保存调用者函数的栈顶地址，即当前被调函数的栈底地址(第 14 行：movq %rsp, %rbp)。

(4) 在被调函数中，从 ebp 的位置处开始存放被调函数中的局部变量和临时变量，并且这些变量的地址按照定义时的顺序依次减小，即这些变量的地址是按照栈的延伸方向排列的，先定义的变量先入栈，后定义的变量后入栈。

2.2.3 汇编

汇编阶段是把编译阶段生成的.s 文件转成二进制目标代码。运行如下命令可以生成 hello.o 的目标文件：

```
gcc -c hello.s -o hello.o
```

此时，gcc 编译或汇编源文件，但不链接，编译器输出对应于源文件的目标文件。缺省情况下，gcc 通过用 .o 替换源文件名后缀 .c、.i、.s 等以产生目标文件名，也可以使用 -o 选项指定其他名字。

在 Linux 操作系统下，二进制文件默认使用 ELF 格式存储，直接使用文本编辑器无法查看其内容，可以运行如下命令查看一个二进制文件的信息：

```
readelf -a hello.o
```

此时，将输出 hello.o 文件的所有信息，如下所示：

```
ELF Header:
  Magic:   7f 45 4c 46 02 01 01 00 00 00 00 00 00 00 00 00
  Class:                             ELF64
  Data:                              2's complement, little endian
  Version:                           1 (current)
  OS/ABI:                            UNIX - System V
  ABI Version:                       0
  Type:                              REL (Relocatable file)
  Machine:                           Advanced Micro Devices X86-64
  Version:                           0x1
```

Entry point address: 0x0
Start of program headers: 0 (bytes into file)
Start of section headers: 320 (bytes into file)
Flags: 0x0
Size of this header: 64 (bytes)
Size of program headers: 0 (bytes)
Number of program headers: 0
Size of section headers: 64 (bytes)
Number of section headers: 13
Section header string table index: 10

Section Headers:

[Nr] Name	Type	Address	Offset		
Size	EntSize	Flags	Link	Info	Align
[0]	NULL	0000000000000000	00000000		
0000000000000000	0000000000000000		0	0	0
[1] .text	PROGBITS	0000000000000000	00000040		
0000000000000020	0000000000000000	AX	0	0	4
[2] .rela.text	RELA	0000000000000000	000005a0		
0000000000000030	0000000000000018		11	1	8
[3] .data	PROGBITS	0000000000000000	00000060		
0000000000000000	0000000000000000	WA	0	0	4
[4] .bss	NOBITS	0000000000000000	00000060		
0000000000000000	0000000000000000	WA	0	0	4
[5] .rodata	PROGBITS	0000000000000000	00000060		
000000000000000d	0000000000000000	A	0	0	1
[6] .comment	PROGBITS	0000000000000000	0000006d		
000000000000002d	0000000000000001	MS	0	0	1
[7] .note.GNU-stack	PROGBITS	0000000000000000	0000009a		
0000000000000000	0000000000000000		0	0	1
[8] .eh_frame	PROGBITS	0000000000000000	000000a0		
0000000000000038	0000000000000000	A	0	0	8
[9] .rela.eh_frame	RELA	0000000000000000	000005d0		
0000000000000018	0000000000000018		11	8	8
[10] .shstrtab	STRTAB	0000000000000000	000000d8		
0000000000000061	0000000000000000		0	0	1
[11] .symtab	SYMTAB	0000000000000000	00000480		
0000000000000108	0000000000000018		12	9	8
[12] .strtab	STRTAB	0000000000000000	00000588		

| | 0000000000000013 | 0000000000000000 | | 0 | 0 | 1 |

Key to Flags:

W (write), A (alloc), X (execute), M (merge), S (strings)

I (info), L (link order), G (group), x (unknown)

O (extra OS processing required) o (OS specific), p (processor specific)

There are no section groups in this file.

There are no program headers in this file.

Relocation section '.rela.text' at offset 0x5a0 contains 2 entries:

Offset	Info	Type	Sym. Value	Sym. Name + Addend
000000000010	00050000000a R_X86_64_32		0000000000000000	.rodata + 0
000000000015	000a00000002 R_X86_64_PC32		0000000000000000	puts - 4

Relocation section '.rela.eh_frame' at offset 0x5d0 contains 1 entries:

Offset	Info	Type	Sym. Value	Sym. Name + Addend
000000000020	000200000002 R_X86_64_PC32		0000000000000000	.text + 0

There are no unwind sections in this file.

Symbol table '.symtab' contains 11 entries:

Num:	Value	Size	Type	Bind	Vis	Ndx	Name
0:	0000000000000000	0	NOTYPE	LOCAL	DEFAULT	UND	
1:	0000000000000000	0	FILE	LOCAL	DEFAULT	ABS	hello.c
2:	0000000000000000	0	SECTION	LOCAL	DEFAULT	1	
3:	0000000000000000	0	SECTION	LOCAL	DEFAULT	3	
4:	0000000000000000	0	SECTION	LOCAL	DEFAULT	4	
5:	0000000000000000	0	SECTION	LOCAL	DEFAULT	5	
6:	0000000000000000	0	SECTION	LOCAL	DEFAULT	7	
7:	0000000000000000	0	SECTION	LOCAL	DEFAULT	8	
8:	0000000000000000	0	SECTION	LOCAL	DEFAULT	6	
9:	0000000000000000	32	FUNC	GLOBAL	DEFAULT	1	main
10:	0000000000000000	0	NOTYPE	GLOBAL	DEFAULT	UND	puts

No version information found in this file.

2.2.4 链接

链接器将可重定向的目标文件 hello.o 以及库文件(如 printf.o)执行并入操作，最终形成可执行的目标文件。执行如下命令生成可执行文件：

```
gcc hello.o -o hello
```

此时生成的二进制文件 hello 直接具有可执行权限，其格式依然是 ELF，所以同样可以通过 readelf 命令查看 hello 文件的信息。

2.2.5　其他参数

gcc 中其他参数介绍如下：

-I dir：dir 是头文件所在的目录。

-L dir：dir 是库文件所在的目录。

-Wall：打印所有的警告信息。

-Wl, options：options 是传递给链接器的选项。

-O 和 -O2：-O 选项告诉 gcc 对源代码进行基本优化，这些优化在大多数情况下都会使程序执行得更快。-O2 选项告诉 gcc 产生尽可能小和尽可能快的代码，使用 -O2 选项将使编译的速度比使用-O 时慢，但通常产生的代码执行速度会更快。此时，建议在使用了 -O2 选项后要验证程序的正确性。

2.3　Makefile 文件语法及示例

虽然前面介绍的 C 语言文件编译的过程可以通过一条简单的 gcc 命令完成，但是当一个大规模的工程中包含多个 .c 和 .h 的文件并且有多种依赖关系时，工程的编译过程就会变得十分复杂。特别是当一个多人团队共同维护一个项目，需要不断地进行迭代开发时，直接通过 gcc 进行项目维护就显得力不从心。

此时，可以借助 GNU 的 make 程序完成上述过程。简单地理解，make 是一个根据事先编排好的一系列规则和命令进行构建的工具。此时，程序员只需要一条简单的命令就可以让 make 自动完成复杂、重复的 gcc 等相关命令的执行。事实上，make 程序本身并不知道这些规则和命令是什么，程序员需要通过编写一个类似 Shell 脚本的文件，详细描述这些规则和命令。这个类似 Shell 脚本的文本文件，就是本节的主题 Makefile 文件[①]，make 通过读取 Makefile 文件帮程序员完成项目构建工作。

2.3.1　概述

Makefile 文件的主体由一系列规则(rules)组成，每条规则的形式如下：

---

① 可以通过-f 选项告知 make 程序，本次执行所使用的 Makefile 文件。若不使用-f 选项，make 会按照如下顺序在当前工作目录查找 Makefile 文件：GNUmakefile、makefile 和 Makefile"(注意大小写)。通常应使用"makefile"或"Makefile"，推荐使用"Makefile"名字。不推荐"GNUmakefile"，除非 Makefile 是为 GNU 的 make 定制的，其他的 make 不认为该名字是一个 Makefile 的名字。

```
<target> : <prerequisites>
[tab]<commands>
[tab]<commands>
……
```

一条规则由一个目标、若干个前置条件和一系列命令组成。第一行冒号左边的部分叫做"目标"(target)，冒号右边的部分叫做"前置条件"(prerequisites)，后面几行是"命令"(commands)，命令所在行必须由一个制表符(Tab 键)开始。其中，"目标"是必需的，不可省略，"前置条件"和"命令"都是可选的，但是两者之中必须至少存在一个。

每条规则就明确两件事：构建目标的前置条件是什么以及如何构建。

2.3.2　目标

通常，一条规则的目标是文件名，指明 make 命令所要构建的对象。目标可以是一个文件名，但同时也可以是多个用空格分隔的文件名列表。当执行 make 命令时，make 首先会判断目标所代表的文件是否存在。如果不存在，则可以通过执行目标所对应的命令生成该文件；若目标文件存在，则根据是否有前置条件作进一步处理。

此外，目标还可以是某个操作的名字(具有一定含义)，这称为"伪目标"(phony target)。例如：

```
clean:
    rm *.o
```

显然，目标 clean 不是文件名，而是一个操作的名字。此时，可以通过执行如下 make 命令删除编译产生的对象文件。

```
$ make clean
```

但是，如果在 make 命令所执行的当前目录中正好存在一个文件叫做 clean，那么此时 make 就不会执行这条规则，即不会删除生成的对象文件。显然，这不是我们所希望的结果。为了避免这种情况，可以明确声明 clean 是"伪目标"，语法如下：

```
.PHONY: clean
clean:
    rm *.o temp
```

当声明 clean 是"伪目标"之后，make 就不会去检查是否存在一个叫做 clean 的文件，而是每次运行都执行对应的命令。

上述执行 make 命令时传递了一个参数 clean，即告知 make 命令在当前目录下寻找一个 Makefile 文件，并在该文件中寻找 clean 规则进行执行。如果在执行 make 命令运行时不传递任何参数，如下所示：

```
$ make
```

在没有为 make 指定任何目标时，make 默认会执行 Makefile 文件的第一个目标。

2.3.3 前置条件

前置条件通常是一组用空格分隔的文件名或目标名，给出"目标"是否重新构建的标准，即只要有一个前置条件不满足(如文件不存在)，或者有过更新(前置文件的最后修改时间晚于目标的时间戳)，则需要执行"目标"所对应的命令，重新构建该目标。例如：

```
result.txt: source.txt
    cp source.txt result.txt
```

上面代码中，构建 result.txt 的前置条件是 source.txt。如果当前目录中 source.txt 已经存在，那么 make result.txt 可以正常运行，否则必须再写一条规则来生成 source.txt。

```
source.txt:
    echo "this is the source" > source.txt
```

上面代码中，source.txt 后面没有前置条件，就意味着它跟其他文件都无关，只要这个文件还不存在，每次调用 make source.txt 时它都会生成。

```
$ make result.txt
$ make result.txt
```

上面命令连续执行两次 make result.txt。第一次执行时，echo 命令新建 source.txt，然后再通过 cp 命令拷贝得到 result.txt。第二次执行时，make 发现 source.txt 已经存在且没有变动，则不会执行任何操作，同时发现 result.txt 的时间戳晚于其所依赖的前置条件 source.txt 文件，因此也不会重新生成。

2.3.4 命令

命令表示如何更新目标文件，由一行或多行 Shell 命令组成。它是构建"目标"的具体指令，它的运行结果通常就是生成目标文件。每行命令之前必须有一个 Tab 键，如果想用其他键，可以用内置变量".RECIPEPREFIX"声明。例如：

```
.RECIPEPREFIX = >
all:
> echo Hello, world
```

在上面的代码中，.RECIPEPREFIX 指定用大于号(>)替代 Tab 键，所以，每一行命令的起首变成了大于号，而不是 Tab 键。需要注意的是，每行命令在一个单独的 Shell(即单独的子进程)中执行，这些 Shell 之间没有继承关系。再如：

```
var-lost:
    export foo = bar
    echo "foo = [$$foo]"
```

上面代码执行后(make var-lost)取不到"foo"的值，因为两行命令在两个不同的进程执行。一个解决办法是将两行命令写在一行，中间用分号分隔。例如：

```
var-kept:
    export foo = bar; echo "foo = [$$foo]"
```

另一个解决办法是在换行符前加反斜线转义。例如：

```
var-kept:
    export foo = bar; \
    echo "foo = [$$foo]"
```

还有一个方法是加上".ONESHELL:"命令。例如：

```
.ONESHELL:
var-kept:
    export foo = bar;
    echo "foo = [$$foo]"
```

2.3.5　Makefile 举例

下面给出一个简单的 Makefile，描述如何编译链接一个由 8 个 C 文件和 3 个头文件组成的编辑器。

```
edit : main.o kbd.o command.o display.o insert.o search.o \
        files.o utils.o
    cc -o edit main.o kbd.o command.o display.o insert.o \
        search.o files.o utils.o main.o : main.c defs.h
    cc -c main.c
kbd.o : kbd.c defs.h command.h
    cc -c kbd.c
command.o : command.c defs.h command.h
    cc -c command.c
display.o : display.c defs.h buffer.h
    cc -c display.c
insert.o : insert.c defs.h buffer.h
    cc -c insert.c
search.o : search.c defs.h buffer.h
    cc -c search.c
files.o : files.c defs.h buffer.h command.h
    cc -c files.c
utils.o : utils.c defs.h
    cc -c utils.c
clean :
    rm edit main.o kbd.o command.o display.o insert.o search.o \
        files.o utils.o
```

在书写 Makefile 遇到一个较长行时，可以使用反斜线(\)将其分割为多行，这样做可以使 Makefile 文件更加清晰且容易阅读。注意：反斜线之后不能有空格。上面的 Makefile 有多个规则，这些规则可以用来生成一个可执行程序 edit 和多个 .o 文件。其中，生成目标可执行程序 edit 需要依赖 8 个 .o 文件，而要生成多个 .o 文件，又需要依赖不同的 .c 和 .h 文件。对于目标是文件的规则而言，当目标所依赖的任何一个文件被修改后，这个目标文件将会被重新编译或者链接。如果有必要，此目标的任何一个依赖文件首先会被重新编译。

在这个例子中，edit 的依赖为 8 个 .o 文件，而 main.o 的依赖文件为 main.c 和 defs.h。当 main.c 或者 defs.h 被修改以后，再次执行 make 时，main.o 就会被更新(但其他的 .o 文件不会被更新)。同时，main.o 的更新将会导致 edit 被更新。更新目标需要执行该条规则所包含的一条或多条命令(命令必须以 Tab 开头)。此时，make 程序并不关心命令是如何工作的，对目标文件的更新需要在规则的描述中提供正确的命令，make 所做的仅仅是当目标需要更新时执行规则所定义的命令。目标 clean 是一个"伪目标"，它没有任何依赖文件，它的目的只有一个，就是让 make 通过这个目标来执行它所对应的命令。默认情况下，如果只输入 make，则 make 程序只执行 Makefile 中的第一个目标。因此，若要执行 clean 目标，则需要在 Shell 下输入如下命令：

```
make clean
```

此时，make 程序会执行 Makefile 中定义的目标是 clean 的规则。当然，也可以通过这种方式执行任意一个指定的目标。

2.4　调试及 gdb 的使用

gdb 是一个由 GNU 开源组织发布的、Unix/Linux 操作系统下的、基于命令行的、功能强大的程序调试工具。对于一名在 Linux 下工作的 C/C++ 程序员，gdb 是必不可少的工具。

2.4.1　启动 gdb

对 C/C++ 程序的调试，需要在编译源文件时就加上 -g 选项。例如：

```
$gcc -g hello.c -o hello
```

运行如下命令调试可执行文件：

```
$gdb <program>
```

其中，<program>是需要调试的可执行文件名，例如：

```
$gdb hello
```

如果在程序正常编译执行后发现错误,系统会转存(dump)相关数据到一个 core 文件中。此时，可以通过如下命令调试 core 文件：

```
$gdb <program> <core dump file>
```

例如，hello 程序的 dump 文件是 core.11127，运行如下命令可以对其进行调试：

```
$gdb hello core.11127
```

如果程序是一个服务程序，那么可以通过这个服务程序运行时的 PID 对服务程序进行调试。例如：

```
$gdb <program> <PID>
```

运行如下命令可以对服务程序进行调试：

```
$gdb hello 11127
```

此时，gdb 会自动 attach 上 11127 的服务程序并对其进行调试。

2.4.2 gdb 交互命令

启动 gdb 后，进入到交互模式，通过以下命令完成对程序的调试。注意：高频使用的命令一般都会有缩写，熟练使用这些缩写命令能提高调试的效率。

1. 运行

run(简写为 r)：其作用是运行程序，当遇到断点后，程序会在断点处停止运行，等待用户输入下一步的命令。

continue(简写为 c)：继续执行到下一个断点处或直到程序运行结束。

next(简写为 n)：单步跟踪程序。当遇到函数调用时，不进入此函数体。此命令同 step 的主要区别是：当 step 遇到用户自定义的函数时，将进入到函数中去运行；而 next 则直接调用函数，不会进入到函数体内。

step(简写为 s)：单步调试。如果有函数调用则进入函数。

until：此命令可以使程序一直运行到退出循环体，而不用继续单步执行。

until n：运行至程序指定的第 n 行。

finish：运行程序直到当前函数完成返回，并打印函数返回时的堆栈地址、返回值及参数值等信息。

call fun(args)：调用程序中的可见函数 fun，并传递参数 args 给该函数。例如，call set_value(32)调用函数 set_value，并给该函数传递 32 作为参数。

quit(简写为 q)：退出 gdb。

2. 设置断点

break n(简写为 b n)：在第 n 行处设置断点。此外，该行号前可以带上代码路径和代码名称，如 b /home/foo/src/hello.c:578。

break [break-args] if (condition)：条件断点设置。例如，b main if argc>1 表示当 main 函数的参数 argc 大于 1 时激活该断点。

break func(简写为 b func)：在函数 func( )的入口处设置断点，如 break cb_button。

delete n：删除第 n 个断点。

disable n：使第 n 个断点失效。

enable n：开启第 n 个断点。

clear n：清除第 n 行上的断点。

info breakpoints(简写为 info b)：显示当前程序的断点设置情况。

delete breakpoints：清除所有断点。

3．查看源代码

list(简写为 l)：列出程序的源代码，默认每次显示 10 行。

list n：显示当前文件以第 n 行为中心的前后 10 行代码，如 list 12。

list func：显示名为 func 的函数源代码，如 list main。

list：若不带任何参数，则接着上一次 list 命令直接输出其下内容。

4．打印表达式

print 表达式(简记为 p)：显示表达式的值。其中，表达式可以是当前任何正在被测试的程序中的有效表达式。比如，当前正在调试 C 语言的程序，那么表达式可以是任何 C 语言程序中的有效表达式，包括数字、变量甚至是函数调用。

print a：显示整数 a 的值。

print ++a：把 a 中的值加 1 并显示出来。

print name：显示字符串 name 的值。

print gdb_test(22)：以整数 22 作为参数调用 gdb_test( )函数。

print gdb_test(a)：以变量 a 作为参数调用 gdb_test( )函数。

display 表达式：在每次单步进行指令后，紧接着输出被设置的表达式及值，如 display a。

watch 表达式：设置一个监视点，一旦被监视的表达式的值改变，gdb 将强行终止正在被调试的程序，如 watch a。

whatis ：查询变量或函数。

info function：查询函数。

info locals：显示当前堆栈页的所有变量。

5．查询运行信息

where/bt ：查看当前运行的堆栈列表。

bt backtrace：显示当前调用堆栈。

up/down：改变堆栈显示的深度。

set args：指定运行时的参数。

show args：查看设置好的参数。

info program：查看程序是否在运行，以及程序的进程号，或被暂停的原因。

6．分割窗口

layout：用于分割窗口，可以一边查看代码，一边测试。

layout src：显示源代码窗口。

layout asm：显示反汇编窗口。

layout regs：显示源代码/反汇编和 CPU 寄存器窗口。

layout split：显示源代码和反汇编窗口。

Ctrl + L：刷新窗口。

提示：交互模式下直接回车的作用是重复上一指令，对于单步调试非常方便。

7．cgdb

cgdb 可以看作 gdb 的界面增强版，用来替代 gdb 的 gdb -tui。cgdb 的主要功能是在调试时进行代码的同步显示，这增加了调试的方便性，提高了调试效率。其界面类似 vi，符合 Unix/Linux 下开发人员的习惯，如果熟悉 gdb 和 vi，几乎可以立即使用 cgdb。

习题

1．同样是 ELF 格式的文件，汇编器产生的二进制文件和连接器产生的二进制文件有何不同？

2．Linux 操作系统下，C 语言编译后形成的二进制文件(ELF 格式)装载到内存中是怎么被执行的？

3．你所使用的 Intel i5 和 i7 的 64 位处理器中有多少个寄存器？它们分别是什么？使用汇编语言进行访问的符号是什么？

4．要编译 hello1.c 和 hello2.c 两个 C 语言源文件，它们共同依赖一个 hello.h 头文件。编写 Makefile 文件，此时对应的文件目录结构是什么样的？有几种实现方法？比较不同方法间的优缺点。

第 3 章 多 进 程 编 程

进程是计算机程序中关于某数据集合上的一次运行活动，是系统进行资源分配和调度的基本单位，是操作系统结构的基础。在早期面向进程设计的计算机结构中，进程是程序的基本执行实体；在当代面向线程设计的计算机结构中，进程是线程的容器。程序是指令、数据及其组织形式的描述，进程是程序的实体。

3.1 进程管理基础

3.1.1 进程在 Linux 内核中的表示

在 Linux 内核中，进程是由一个称为 task_struct 的结构体来表示的。在此结构体中，除了包含所有该进程所需的数据之外，还包含了大量的其他数据用来记录和维护该进程与其他进程的关系(如父子进程)。

下面的代码给出了 task_struct 结构体的一小部分。

```
struct task_struct {
    volatile long state;
    void *stack;
    unsigned int flags;
    int prio, static_prio;
    struct list_head tasks;
    struct mm_struct *mm, *active_mm;
    pid_t pid;
    pid_t tgid;
    struct task_struct *real_parent;
    char comm[TASK_COMM_LEN];
    struct thread_struct thread;
    struct files_struct *files;
    ...
};
```

具体说明如下：

(1) state 字段是一些表明进程状态的比特位。例如，TASK_RUNNING 表示进程正在运行，或是排在运行队列中正要运行；TASK_INTERRUPTIBLE 表示进程正在休眠(等待一个可被中断的系统调用)，可以唤醒；TASK_UNINTERRUPTIBLE 表示进程正在休眠(等待一个不能被中断的系统调用)，不能被唤醒；TASK_STOPPED 表示进程已经停止。这些标志的完整列表可以在 linux/include/linux/sched.h 内找到。

(2) stack 字段指向该进程在内存中的栈顶指针。

(3) flags 是一组标识符，表明进程是否正在被创建(PF_STARTING)或退出(PF_EXITING)，或是进程当前是否在分配内存(PF_MEMALLOC)。

(4) static_prio 字段表示该进程被赋予的优先级，但进程的实际优先级是基于加载以及其他几个因素动态决定的。优先级的值越低，实际的优先级越高。

(5) tasks 字段指向一个链表头，它包含一个 prev 指针(指向前一个任务)和一个 next 指针(指向下一个任务)。

(6) mm 和 active_mm 字段表示进程的地址空间。mm 代表的是进程的内存描述符，而 active_mm 则是前一个进程的内存描述符(为改进上下文切换时间的一种优化)。

(7) pid 字段表示该进程的 ID 编号。

(8) tgid 字段表示和该进程相关的线程组 ID 编号。

(9) real_parent 字段指向该进程的父进程。

(10) comm 字段记录可执行程序的名称(不包含路径)。

(11) thread 字段表示该进程正在执行的线程。

(12) files 字段表示该进程打开的文件列表。

3.1.2 进程在 Linux 内存中的表示

从内存管理的角度来看，操作系统会在创建进程时自动为每一个进程分配一段对应的地址空间。通常情况下，这段地址空间由如图 3-1 所示的文本段(Text)、已初始化数据段(Initialized Data)、未初始化数据段(Uninitialized Data)、栈(Stack)和堆(Heap)五部分组成，如图 3-1 所示。

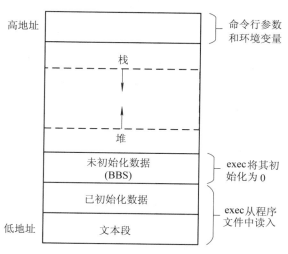

图 3-1 进程在内存中的表示

文本段存放可执行的指令以及程序源代码(如果有的话)，位于内存低地址的位置，这样可以避免被堆或者栈所覆盖。同时，文本段是可共享区域，在一个多进程程序运行过程中，多个进程间将共享同一份文本段。此外，文本段数据是只读的，避免程序可以修改自己的指令，影响操作系统的正常运行。

已初始化数据段包含程序中已经初始化的全局变量(global)和静态变量(static)，进一步可以分为只读段和可读写段。其中，只读段中存放无法修改的变量，如被 const 关键字修饰的变量；可读写段中存放可以被修改的变量，如仅被 global 修饰的变量。

未初始化数据段，即 BSS 段(Block Started by Symbol)，主要存放程序中未初始化的全局变量(global)和静态变量(static)。此时，exec 会自动将其初始化为 0。

栈主要存放自动变量，如函数内的本地变量，同时记录函数间的调用关系，辅助完成从被调用函数返回调用函数。每个函数都有自己独立的栈空间，多个函数的栈空间相互独立。

堆主要提供可配置的动态存储的分配使用，如 malloc、realloc、free 等函数。例如：

```
p1 = (char *)malloc(20);
```

这段代码将从堆内存中分配一块大小是 20 个字节的内存空间。此时，变量 p1 存放在栈中，但是其值是指向刚刚在堆中分配内存空间的地址指针。当堆和栈的空间发生重叠，将出现内存溢出错误。在多线程编程时，所有的线程共享同一个堆，但是每个线程都有自己的栈空间。

3.2　进程间通信相关函数简介

1．fork( )函数

功能：用于创建一个新进程。

调用格式：

```
#include <unistd.h>
int fork( );
```

返回值：子进程中返回 0，父进程中返回子进程的 ID，出错时返回 –1。

说明：此函数被调用一次，但返回两次。由 fork 创建的新进程称为子进程，直接进入就绪队列等待调度。子进程是父进程的副本，正文段共享，都继续执行 fork 调用之后的指令。

2．wait( )函数

功能：可用于父子进程的同步。

调用格式：

```
#include <sys/wait.h>
pit_t wait(int *statloc);
```

返回值：若成功则返回子进程的 ID，若出错则返回 –1。

说明：若调用者无子进程，则立即出错返回；若有，则在一个子进程终止前，wait 使调用者阻塞，直到有一个子进程终止。

3．exit( )函数

功能：进程正常结束，返回结束状态。

调用格式：

```
#include <stdlib.h>
void exit(int status);
```

返回值：无。

说明：status 为进程结束状态。

4．kill( )函数

功能：将信号发送给进程或进程组。

调用格式：

```
#include <sys/wait.h>
int kill(int pid, int signo);
```

返回值：若成功则返回 0，若出错则返回 −1。

5．signal( )函数

功能：软件中断信号接口，设置某信号的对应动作。当进程收到 sig 信号时，触发 func 函数。

调用格式：

```
#include <signal.h>
int sig;
void (*func)(int);
signal(sig, func);
```

返回值：指向信号处理程序的指针。

表 3-1 给出了 Linux 操作系统定义的各种信号。

表 3-1　Linux 操作系统定义的各种信号

信号	值	功　　能
SIGHUP	1	在用户终端连接(正常或非正常)结束时发出，通常是在终端的控制进程结束时，通知同一 session 内的各个作业，这时它们与控制终端不再关联
SIGINT	2	表示程序终止(interrupt)信号，在用户键入 INTR 字符(通常是 Ctrl-C)时发出，用于通知前台进程组终止进程
SIGQUIT	3	和 SIGINT 类似，但由 QUIT 字符(通常是 Ctrl+\)来控制。进程因收到 SIGQUIT 退出时会产生 core 文件，在这个意义上类似于一个程序错误信号
SIGILL	4	表示进程执行了非法指令，通常是因为可执行文件本身出现错误或者试图执行数据段，堆栈溢出时也有可能产生这个信号
SIGTRAP	5	由断点指令或其他 trap 指令产生，由调试器使用
SIGABRT	6	调用 abort 函数生成的信号

信号	值	功 能
SIGBUS	7	表示非法地址，包括内存地址对齐出错，比如访问一个四个字长的整数，但其地址不是 4 的倍数。它与 SIGSEGV 的区别在于后者是由于对合法存储地址的非法访问触发的(如访问不属于自己存储空间或只读存储空间)
SIGFPE	8	在发生致命的算术运算错误时发出的信号，不仅包括浮点运算错误，还包括溢出及除数为 0 等其他所有的算术错误
SIGKILL	9	用来立即结束程序的运行，本信号不能被阻塞、处理和忽略。如果管理员发现某个进程终止不了，可尝试发送这个信号
SIGUSR1	10	留给用户使用
SIGSEGV	11	试图访问未分配给自己的内存，或试图往没有写权限的内存地址写数据时发出的信号
SIGUSR2	12	留给用户使用
SIGPIPE	13	表示管道破裂。这个信号通常在进程间通信时产生，比如采用 FIFO 通信的两个进程，读管道未打开或者意外终止时就写管道，写进程就会收到 SIGPIPE 信号。此外，用 socket 通信的两个进程，写进程在写 socket 的时候，读进程已经终止
SIGALRM	14	表示时钟定时信号，计算的是实际的时间或时钟时间，alarm 函数使用该信号
SIGTERM	15	表示程序终止(terminate)信号。与 SIGKILL 不同的是，该信号可以被阻塞和处理，通常用来要求程序自己正常退出。Shell 命令中 kill 缺省时产生这个信号。如果进程终止不了，才会尝试 SIGKILL
SIGSTKFLT	16	表示协处理器堆栈错误
SIGCHLD	17	子进程结束时，父进程会收到这个信号。如果父进程没有处理这个信号，也没有等待(wait)子进程，子进程虽然终止，但是还会在内核进程表中占有表项，这时的子进程称为僵尸进程，这种情况应该避免(父进程或者忽略 SIGCHILD 信号，或者捕捉它，或者等它派生的子进程，或者父进程先终止，这时子进程的终止自动由 init 进程来接管)
SIGCONT	18	表示让一个停止的进程继续执行。本信号不能被阻塞，可以用一个 handler，让程序由 stopped 状态变为继续执行时完成特定的工作，如重新显示提示符
SIGSTOP	19	表示停止(stopped)进程的执行。注意它和 terminate 及 interrupt 的区别是：该进程还未结束，只是暂停执行。本信号不能被阻塞、处理或忽略
SIGTSTP	20	表示停止进程的运行，该信号可以被处理和忽略。用户键入 SUSP 字符时(通常是 Ctrl-Z)发出这个信号
SIGTTIN	21	当后台作业要从用户终端读数据时，该作业中的所有进程会收到 SIGTTIN 信号，缺省时这些进程会停止执行
SIGTTOU	22	类似于 SIGTTIN，在写终端(或修改终端模式)时收到
SIGURG	23	有"紧急"数据或越界数据到达 socket 时产生

信号	值	功　　能
SIGXCPU	24	表示超过 CPU 时间资源限制,这个限制可以由 getrlimit/setrlimit 来读取/改变
SIGXFSZ	25	当进程企图扩大文件以至于超过文件大小资源限制时产生
SIGVTALRM	26	表示虚拟时钟信号,类似于 SIGALRM,但计算的是该进程占用的 CPU 时间
SIGPROF	27	类似于 SIGALRM/SIGVTALRM,包括该进程用的 CPU 时间以及系统调用的时间
SIGWINCH	28	在窗口大小改变时发出
SIGIO	29	表示文件描述符准备就绪,可以开始进行输入/输出操作
SIGPWR	30	在电源错误时产生
SIGSYS	31	表示非法的系统调用

上述信号中,程序不能捕获、阻塞或忽略的信号有 SIGKILL 和 SIGSTOP;不能恢复至默认动作的信号有 SIGILL 和 SIGTRAP。

默认会导致进程终止并进行内核镜像转存(dump)的信号有 SIGABRT、SIGBUS、SIGFPE、SIGILL、SIGIOT、SIGQUIT、SIGSEGV、SIGTRAP、SIGXCPU、SIGXFSZ。

默认会导致进程终止的信号有 SIGALRM、SIGHUP、SIGINT、SIGKILL、SIGPIPE、SIGPOLL、SIGPROF、SIGSYS、SIGTERM、SIGUSR1、SIGUSR2、SIGVTALRM。

默认会导致进程停止的信号有 SIGSTOP、SIGTSTP、SIGTTIN、SIGTTOU。

默认进程忽略的信号有 SIGCHLD、SIGPWR、SIGURG、SIGWINCH。

此外,SIGIO 在 SVR4 中是退出,在 4.3 BSD 中是忽略;SIGCONT 在进程挂起时是继续,否则是忽略,不能被阻塞。

6. pipe( )函数

功能:用于创建一个管道。

调用格式:

```
#include <unistd.h>
int pipe(int fp[2]);
```

返回值:若成功则返回 0,若出错则返回 −1。

说明:fp 是文件描述符数组,fp[0] 用于读,fp[1] 用于写。

7. lockf( )函数

功能:控制进程对文件指定区域的访问,试图访问已锁定资源的其他进程将返回错误或进入休眠状态,直到资源解除锁定为止。当关闭文件时,将释放进程的所有锁定。

调用格式:

```
#include <unistd.h>
int lockf(int fd, int cmd, off_t len);
```

返回值:成功后将返回值 0,否则返回 −1,并且设置 errno 以表示该错误。

说明:参数 fd 是打开文件的描述符;参数 cmd 是指定要采取的操作的控制值,允许的值如下所示:

```
# define F_ULOCK 0
# define F_LOCK 1
# define F_TLOCK 2
# define F_TEST 3
```

F_ULOCK：释放对指定打开文件指定区域的锁定。如果锁定区域未完全释放，则剩余的区域仍将被该进程锁定。

F_LOCK：对指定打开文件的指定区域加互斥锁。若请求加锁的区域已经被其他进程加锁，则挂起等待该区域的锁被释放。若请求加锁的区域与该进程之前已经加锁的某个区域有重叠，则两个区域将被合并。

F_TLOCK：基本上与 F_LOCK 类似，仅在对请求采取的操作上存在差异(如果资源不可用)。如果区域已被其他进程锁定，F_TLOCK 将直接返回[EACCES]错误。

F_TEST：用于检测在指定的区域中是否存在其他进程的锁定。如果该区域被锁定，lockf( )将返回 −1，否则返回 0。在这种情况下，errno 设置为[EACCES]。

参数 len 指明已经打开文件中参考当前位置要锁定或解锁的区域长度。若 len 为正数，则从当前位置向前扩展；若 len 为负数，则向后扩展；如果 len 为零，则锁定从当前位置到文件结尾的区域。

3.3　进程间通信编程实例

3.3.1　信号

在 Linux 操作系统中，内核通过软中断实现信号机制，用来通知进程发生了异步事件。进程之间可以互相通过系统调用 kill 发送软中断信号，内核也可能因为内部事件而给进程发送信号，通知进程发生了某个事件。信号只用来通知某进程发生了什么事件，并不给该进程传递任何数据。

收到信号的进程对各种信号有着不同的处理方法。通常这些处理方法可以分为三类：

(1) 使用自定义的处理方法：类似中断处理程序，对于需要处理的信号，进程可以通过 signal( )函数注册一个处理函数，由该函数来处理。但是，进程并不能对所有的信号都自定义处理方法。

(2) 忽略某个信号：对该信号不做任何处理，就像未发生过一样。

(3) 保留系统默认的处理方法：对大部分信号的缺省操作是使进程终止。

在进程表的表项中有一个软中断信号域，该域中每一位对应一个信号，当有信号发送给进程时，对应位被置位(设置为 1)。

1．程序说明

使用 fork( )创建两个子进程，通过 signal( )让父进程捕捉键盘上发出的 SIGQUIT 信号(即按 Ctrl + \ 键)。当父进程接收到 SIGQUIT 信号后，父进程用 kill( )向两个子进程分别发送编号为 16 和 17 的信号。当子进程获得对应软中断信号后，分别输出信息并退出。父进程调用 wait( )函数等待两个子进程终止后，输出信息并退出。

2. soft_ipc.c 源程序

程序代码如下：

```c
#include <stdio.h>
#include <signal.h>
#include <unistd.h>
#include <sys/types.h>
#include <sys/wait.h>
#include <stdlib.h>

int wait_flag;
void stop();
int main() {
    int pid1, pid2;
    wait_flag = 1;
    printf("Register a signal handler for signal 3.");
    kill(3, stop);
    while (wait_flag == 1) {
        sleep(1);
    }
    while((pid1 = fork()) == -1);
    if(pid1 > 0) {
        while((pid2 = fork()) == -1);
        if(pid2 > 0) {
            wait_flag = 1;
            sleep(5);
            signal(pid1, 17);
            signal (pid2, 16);
            wait(NULL);
            wait(NULL);
            printf("Parent process exit normally!\n");
            exit(0);
        }
        else {
            wait_flag = 1;
            signal(17, stop);
            while (wait_flag == 1) {
                sleep(1);
            }
            printf("Child process 2 is killed by parent !!\n");
```

```
            exit(0);
        }
    }
    else {
        wait_flag = 1;
        signal(16, stop);
            while (wait_flag == 1) {
                    sleep(1);
                }
            printf("Child process 1 is killed by parent !!\n");
            exit(0);
    }
}
void stop() {
    printf("\nProcess %d got a signal.\n", getpid());
    wait_flag = 0;
}
```

为了便于对源程序的理解，下面给出程序的流程图，如图 3-2 所示。

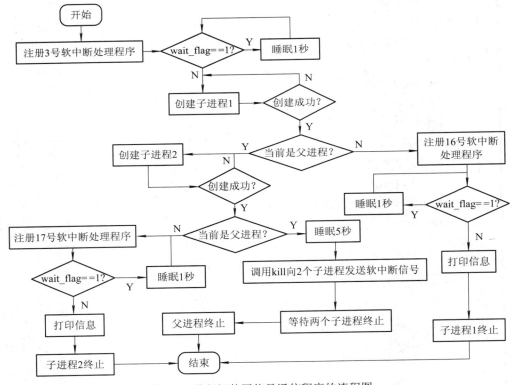

图 3-2　进程间使用信号通信程序的流程图

3. Makefile 文件

Makefile 文件代码如下：

```
SOFT_IPC_FLAGS = -g -Wall -O2
CC = gcc

soft_pic: soft_ipc.c
    $(CC) $(SOFT_IPC_FLAGS) soft_ipc.c -o soft_ipc

clean:
    rm -f soft_ipc
```

4. 要求

修改 soft_ipc.c 源程序中的错误，运行 make 编译源程序。运行程序 soft_ipc 产生如下类似的输出：

```
[root@localhost soft]# ./soft_ipc
Register a signal handler for signal 3.
Process 16267 got a signal.
Process 16268 got a signal.
Child process 1 is killed by parent !!
Process 16269 got a signal.
Child process 2 is killed by parent !!
Parent processs exit normally!
```

其中，进程的 PID 及两个子进程打印消息的顺序可以不同，但其他输出内容必须一致。

3.3.2 管道

管道模型虽然很老，但它仍然是一个十分有用的进程间通信机制。在 Linux 操作系统中，有匿名管道和命名管道两种类型。

(1) 匿名管道：为进程提供一种可以与其子进程进行通信的方法。父进程建立一个管道(文件)，然后在创建子进程时将这个管道传递给它的子进程，接下来父进程和子进程就可以利用该匿名管道进行通信。之所以称之为匿名管道，是因为此时该管道仅能被父、子进程访问，其他进程无法使用。

(2) 命名管道：命名管道的功能和匿名管道的类似，差别就在于命名管道可以在文件系统中存在，并且可以被所有有权限的进程使用，这意味着没有血缘关系的进程之间可以使用命名管道进行通信。

管道提供的这种进程间通信的方式是单向的，若需要实现双向通信，可以使用套接字(sockets)。

1. 程序说明

使用系统调用 pipe( )建立一条管道，两个子进程分别向管道各写一条消息，父进程从管道中读出来自于两个子进程的信息，显示在屏幕上。

2. pipe_ipc.c 源程序

pipe_ipc.c 源程序代码如下：

```
#include <unistd.h>
#include <signal.h>
#include <stdio.h>
#include <stdlib.h>
#include <sys/wait.h>

int pid1, pid2;

int main() {
    int fd[2];
    char OutPipe[100], InPipe[100];
    while (pipe(fd) != 0);
    while ((pid1 = fork()) == -1);
    if(pid1 == 0)
    {
        lockf(fd[0], 0, 0);
        sprintf(OutPipe, "Child process 1 is sending message!\n");
        write(fd[1], OutPipe, 50);
        sleep(5);
        lockf(fd[0], 1, 0);
        exit(0);
    } else
    {
        while((pid2 = fork()) == -1);
        if(pid2 == 0)
        {
            lockf(fd[1], 0, 0);
            sprintf(OutPipe, "Child process 2 is sending message!\n");
            write(fd[1], OutPipe, 50);
            sleep(5);
            lockf(fd[1], 1, 0);
            exit(0);
        } else
        {
            wait(NULL);
            read(fd[1], InPipe, 50);
```

```
            printf("%s\n", InPipe);
            wait(NULL);
            read(fd[0], InPipe, 50);
            printf("%s\n", InPipe);
            exit(0);
        }
    }
}
```

为了便于对源程序的理解，下面给出程序的流程图，如图 3-3 所示。

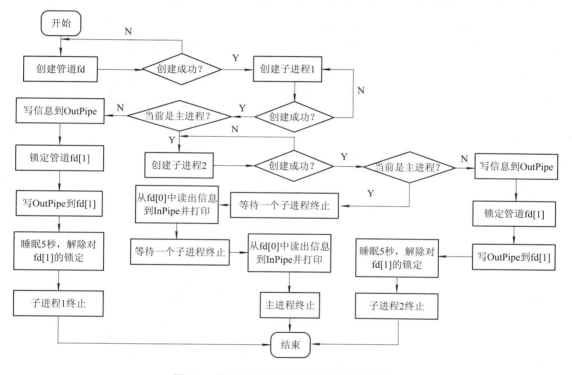

图 3-3   进程间使用管道通信程序的流程图

3. Makefile 文件

Makefile 文件代码如下：

```
PIPE_IPC_FLAGS = -g -Wall -O2
CC = gcc

pipe: pipe_ipc.c
    @$(CC) $(PIPE_IPC_FLAGS) pipe_ipc.c -o pipe

clean:
    @rm -f pipe
```

4．要求

修改程序中的错误，运行 make 编译源程序。运行 pipe_ipc，输出如下所示内容：

```
[root@localhost pipe]# ./pipe_ipc
Child process 1 is sending message!

Child process 2 is sending message!
```

其中输出的来自两个子进程的消息顺序可以不同。

习题

1．简述 exit(n); 与 return n; 的区别。

2．在信号方式通信的程序(3.3.1 节 soft_ipc.c)中，子进程中何处使用 stop 函数？该函数在哪里定义？

3．多次运行 3.3 节中 soft_ipc.c 和 pipe_ipc.c 程序，分析出现不同输出结果的原因。

中篇

Linux 编程实战之内核编程实战

　　内核是 Linux 操作系统的核心，采用子系统和分层的概念进行组织。尽管如此，其庞大而复杂的特性使得很多学习者望而却步。由于在执行内核代码时，CPU 工作在内核态且没有应用层的库函数支持，使得内核编程变得相对复杂。特别是从 2003 年之后，Linux 操作系统内核进入了一个高速发展期，经过五十多个版本的发展，从 2.6 版发展到了如今的 4.4 版。考虑到如今稳定的商业发行版本依然基于 2.6 版本内核，所以本篇主要围绕如何在 2.6 版本之上进行内核模块编程。本篇给出的所有示例中，除了第 6 章中部分代码在 4.0 以上版本内核中运行时需要进行少量调整之外，其他源代码均可以在后续版本内核上运行。

　　本篇由第 4 章、第 5 章、第 6 章组成，分别从内核模块、字符设备驱动和块设备驱动三个方面向读者介绍编程方法。其中，第 4 章对 Linux 内核模块的基本概念、管理、编译以及内核模块编程做了介绍；第 5 章在内核模块的基础上，介绍了设备驱动和字符设备相关基础知识，并通过实例介绍字符设备编程方法；第 6 章首先介绍了 Linux 内核对块设备的管理，然后重点向读者说明了块设备编程的方法。

　　通过本篇内容的学习，读者可以对 Linux 操作系统内核的总体结构有一定的了解，同时掌握基本的内核编程方法，进一步提高驱动开发、嵌入式开发等相关工程技术能力。

第 4 章　内核模块编程

4.1　内核模块简介

操作系统的"内核"是指操作系统中负责处理器、存储器、设备和文件管理的部分，它们一般常驻内存。为了增强内核的灵活性，Linux 操作系统内核除了最基本的服务外，其他功能均采用模块的方式进行管理。在需要某一特殊功能时，可以由用户或系统动态地加载(Load)或卸载(Unload)实现该功能的模块。

　　Linux 内核模块是一些可以作为独立程序来编译的函数和数据类型的集合。在加载这些模块时，将它的代码链接到内核中。Linux 模块有两种加载方式：静态加载(在内核启动时加载)和动态加载(在内核运行过程中加载)。若在内核模块加载之前就调用动态模块的一个函数，则此调用将失败。若内核模块已被加载，则内核就可以使用系统调用，并将其传递到模块中的相应函数，如图 4-1 所示。内核模块通常用来实现设备驱动程序(这要求模块的 API 和设备驱动程序的 API 相一致)。由于内核模块工作在最底层(可以执行所有的 CPU 指令、访问所有的内存空间)，所以内核模块能够实现所期望的任何功能。但是，同样是因为内核模块工作在最底层，所以用户空间的诸多便利功能，如调用 glibc 库函数，都无法使用，因此编程显得更为困难。

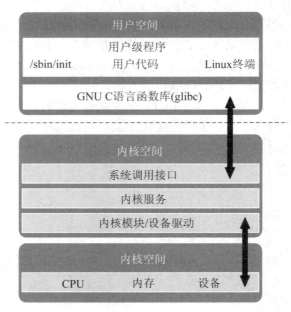

图 4-1　内核模块与 C 语言函数库和设备的关系

4.2　内核模块管理及相关函数

4.2.1　模块的组织结构

　　每个内核模块都会向系统或用户提供一些特定的功能，而这种功能可被使用的前提是该内核模块必须被加载到内核空间。这些功能的实现，需要依赖一些特定的数据结构。因此，准备加载的内核模块 A 和已经加载的内核模块 B 之间需要一种方式可以互相知晓彼此的数据结构。由于内核模块是被动态加载到内核地址空间的，因此不能依靠静态链接的方式引用其他内核模块的数据结构。为此，Linux 操作系统内核通过存放在文件/proc/ksyms或/kernel/ksyms.c 中的公开符号表来实现内核模块 A 和 B 间的相互了解。此时，要求所有供其他模块使用数据结构的内核模块均导出该数据结构的符号名到这一公开的符号表，这样内核模块 A 和 B 就可以通过访问公开的符号表而知晓彼此的数据结构，进而实现对彼此功能的调用。

　　同时，为了确保内核模块在使用过程中不被卸载，Linux 内核通过使用"计数"来描述内核模块被使用的情况。在 2.6 版本的 Linux 内核中，通过 try_module_get(&module)和module_put(&module)来维护内核对某一个内核模块的使用计数。此时，内核模块的使用计数不是由内核模块自身管理，而且在管理内核模块的使用计数时还考虑到了 SMP 与 PREEMPT 机制的影响。

　　一个最小的 Linux 内核模块必须包含 init_module( )和 cleanup_module( )两个函数，它们在系统加载模块和卸载模块时被调用。此外，可以在内核模块中加入新函数来实现各种复杂的功能，不过加入模块的每个新函数都必须在该模块加载到内核中时进行注册。若该模块是静态加载的，则该模块的所有函数都是在内核启动时进行注册；若该模块是动态加载的，则这些新函数必须在加载这个模块时动态注册。当然，如果该模块被动态卸载了，则该模块的函数都必须从系统中注销。通过这种方式，当这个模块不在系统中时，就不能调用该模块的函数。其中，注册工作通常是在函数 init_module( )中完成的，而注销工作则是在函数 cleanup_module( )中完成的。

　　由上述定义的模块应有如下格式：

```
#include  <linux/kernel.h>        // 为了使用 KERN_INFO 宏

#include  <linux/module.h>        // 所有模块都需要包含该头文件

…     // 其他 header 信息


int init_module(void)

{

…     // 加载时，初始化模块的编码

}

…
```

```
// 期望该模块所能实现的一些功能函数，如 open()、release()、write()、 read()、ioctl()等函数
…

void cleanup_module(void)
{
…      // 卸载时，注销模块的编码
}
```

4.2.2 模块的加载

内核模块的加载方式有两种：一种是用户运行 insmod 命令，手工加载指定的内核模块；另一种是按需加载，即当内核需要某个未加载的功能(如要使用某个内核核心中并不存在的文件系统)时，内核核心将请求内核守护进程 kerneld 准备加载适当的模块(当然，如果内核核心发现没有适用于该文件系统的内核模块，则将提示相应的错误)。

内核守护进程 kerneld 是一个带有超级用户权限的普通用户进程。当系统启动时，kerneld 开始执行，并为内核打开一个 IPC 通道，内核通过向 kerneld 发送消息，请求执行各种任务。kerneld 的主要功能是加载和卸载内核模块，kerneld 自身并不执行这些任务，它是通过某些程序(如 insmod)来完成任务的。kerneld 只是内核的代理，为内核进行调度。

执行 insmod 命令时，必须找到请求加载的内核模块(该请求加载的模块一般被保存在 /lib/modules/kernel-version 中)，否则会产生错误。这些模块与系统中其他程序一样是已链接的目标文件，但不同的是它们被链接成可重定位映像(即映像没有被链接在特定的地址上，参见 2.1.3 节)，即模块在用户空间(使用适当的标志)进行编译，结果产生一个可执行格式的文件。

当使用 insmod 命令加载一个模块时，将会依次发生以下事件：

(1) 通过内核函数 create_module( )将内核模块文件加载到内核地址空间。

(2) insmod 执行一个特权级系统调用 get_kernel_syms( )，以找到内核输出的所有符号(一个符号表示为符号名和符号值，如地址值)。

(3) create_module( )为这个模块分配内存空间，并将新模块添加到内核模块链表的尾部，然后将新模块标记为 UNINITIALIZED(模块未初始化)。

(4) 通过 init_module( )系统调用加载模块，此时导出该模块定义的符号，供其后可能加载的内核模块使用。

(5) insmod 为新加载的模块调用其自身的 init_module( )函数，对该模块进行初始化，然后将新模块标志为 RUNNING(模块正在运行)。

在执行完 insmod 命令后，就可在/proc/modules 文件中看到加载的新模块了。

4.2.3 模块的卸载

当一个模块不需要使用时，可以使用 rmmod 命令卸载该模块。由于无需链接，因此它的任务比加载模块要简单得多。但如果内核模块采用的是按需加载的方式，只有当该内核

模块的使用计数为 0 时，kerneld 才会自动从系统中卸载该模块。卸载模块时，通过调用该模块自身的 cleanup_module( )函数释放分配给该模块的内核资源，并将其标志为 DELETED(模块被卸载)。同时断开内核模块链表中的链接，修改它所依赖的其他模块的引用，重新分配该模块所占用的内核内存。

4.3　Linux 2.6 版本内核模块的编译

在 Linux 2.6 版本内核中，内核模块的编译需要配置过的内核源码，编译、链接后生成的内核模块后缀为.ko。编译过程首先会到内核源码目录下读取顶层的 Makefile 文件，然后再返回模块源码所在目录。表 4-1 中显示了普通程序与模块程序的区别。

表 4-1　普通程序与模块程序的区别

	普 通 程 序	模 块 程 序
入口	main( )	init_module( )
出口		cleanup_module( )
编译	标准 Makefile	符合 kbuild 规范的 Makefile
链接	gcc	insmod
运行	直接运行	insmod
调试	gdb	kdebug、kdb、kgdb 等

虽然 2.6 版本的 Linux 内核编译过程更为复杂，但是它提供了一个方便快捷的手段，用户仅需编写简单的 Makefile 文件，然后就可通过系统提供的 kbuild 对内核模块进行编译。

一个简单的内核模块的 Makefile 文件如下：

```
ifneq ($(KERNELRELEASE), )
#kbuild syntax. dependency relationshsip of files and target modules are listed here.
mymodule-objs := file1.o file2.o
obj-m := mymodule.o
else
PWD    := $(shell pwd)
KVER ?= $(shell uname -r)
KDIR := /usr/src/kernels/$(KVER)
all:
    @$(MAKE) -C $(KDIR) M = $(PWD)
clean:
    @rm -rf .*.cmd *.o *.mod.c *.ko *.symvers *.ko.unsigned *.order
endif
```

KERNELRELEASE 是在内核源码的顶层 Makefile 中定义的一个变量，在第一次读取执行此 Makefile 时，KERNELRELEASE 没有被定义，所以 make 将读取执行 else 之后的内容。如果 make 的目标是 clean，直接执行 clean 操作，然后结束。当 make 的目标为 all 时，-C $(KDIR) 指明跳转到内核源码目录下读取那里的 Makefile。M = $(PWD)表明返回当前目录继续读入，执行当前的 Makefile。当从内核源码目录返回时，KERNELRELEASE 已经被定义，kbuild 也被启动去解析 kbuild 语法的语句，make 将读取 else 之前的内容。else 之前的内容为 kbuild 语法的语句，指明模块源码中各文件的依赖关系以及要生成的目标模块名。mymodule-objs := file1.o file2.o 表示 mymoudule.o 由 file1.o 与 file2.o 连接生成；obj-m := mymodule.o 表示编译连接后将生成 mymodule.o 模块。

补充一点，"$(MAKE) -C $(KDIR) M = $(PWD)"与"$(MAKE) -C $(KDIR) SUBDIRS = $(PWD)"的作用是等效的，推荐使用 M 而不是 SUBDIRS，因为前者更明确。

通过以上比较可以看到，从 Makefile 编写来看，在 2.6 内核下，内核模块的编译不必定义复杂的 CFLAGS，而且模块中各文件依赖关系的表示简洁清晰。编写好 Makefile 文件后，仅需要简单地运行 make 命令，就可以完成对内核模块的编译。此时，可以看到如下输出内容：

```
$ make
make[1]: Entering directory '/usr/src/kernels/2.6.32-431.el6.x86_64'
  LD          /root/os_exec/os-expr-rhel6_x64/ModuleManagement/built-in.o
  CC [M]    /root/os_exec/os-expr-rhel6_x64/ModuleManagement/mymodule.o
  Building modules, stage 2.
  MODPOST 1 modules
  CC          /root/os_exec/os-expr-rhel6_x64/ModuleManagement/mymodule.mod.o
  LD [M]    /root/os_exec/os-expr-rhel6_x64/ModuleManagement/mymodule.ko.unsigned
  NO SIGN [M] /root/os_exec/os-expr-rhel6_x64/ModuleManagement/mymodule.ko
make[1]: Leaving directory '/usr/src/kernels/2.6.32-431.el6.x86_64'
```

Linux 2.6 版本内核将内核模块的后缀更改为 .ko，除了可以区别普通程序的目标文件之外，还在其中添加了.modinfo 片段。在该片段中，可以包含作者、License、依赖关系等信息，还可以包含该内核模块的变量说明，极大地方便了他人对该模块的了解。

4.4　内核模块编程示例

4.4.1　模块程序设计思想

由于在用户程序(运行在用户空间)中禁止访问寄存器信息，无法获取相关数据，因此，如果需要编写访问系统寄存器数值的程序，该程序必须要运行在内核空间。本节中，将编写一个内核模块程序，以获取系统核心寄存器的值。设计 init_module( )函数，将获取寄存器数值的嵌入式汇编语句写入该函数中，以实现该功能。

内核模块程序由 open_get( )、release_get( )、read_get( )、write_get( )、init_module( )、cleanup_module( )以及一个数据结构 Fops_Get 七部分组成，各部分的具体功能可见源程序中的注释。

4.4.2 模块程序结构分析

在实验中，设计程序 get.c 来获取系统核心寄存器的值。

1. file_operations 结构的定义

当一个进程试图对生成的设备进行操作时可以利用下面这个数据结构，这个结构就是提供给操作系统的接口，它的指针保存在设备表中，在 init_module( )中被传递给操作系统。file_operations 结构代码如下：

```
static struct file_operations Fops_Get =
{
    read: read_get,
    write: write_get,
    open: open_get,
    release: release_get,
};
```

2. 头文件及程序定义

头文件及程序定义代码如下：

```
/*一些必要的头文件*/
#include <linux/kernel.h>
#include <linux/module.h>

#include <linux/fs.h>
#include <asm/uaccess.h>

#define SUCCESS 0
#define DEVICE_NAME "get_dev"        /*申明设备名，它会出现在/proc/devices */
#define BUF_LEN 100         /*定义此设备消息缓冲的最大长度*/

static int Open_Get = 0;    /*为了防止不同的进程在同一时间使用此设备，定义此静态变量跟踪其状态*/
static char Message[BUF_LEN];     /*当提出请求的时候，设备将读写的内容放在下面的数组*/
static char *Message_Ptr;     /*在进程读取设备内容的时候，这个指针是指向读取的位置*/
static int Major;     /*主设备号作为全局变量以便于这个设备在注册和释放的时候使用*/
```

3. open( )函数

open( )函数用于进程打开该设备文件，函数代码如下：

```
static int open_get(struct inode *inode, struct file *file)
{
    static int counter = 0;

    printk ("This module is in open.\n");
#ifdef DEBUG
        printk("open_get(%p, %p)\n", inode, file);
#endif

    /*显示驱动模块的主设备号和次设备号*/
    printk("Device: %d.%d\n", inode->i_rdev >> 8, inode->i_rdev & 0xFF);

        /*这个设备是一个独占设备，采取一定的措施避免同时有两个进程使用这一个设备*/
    if(Open_Get)
        return -EBUSY;
    Open_Get++;

    /*初始化信息，注意不要使读写内容的长度超过缓冲区的长度，特别是运行内核模式时，否则如果出
现缓冲上溢则可能导致系统崩溃，因此在测试程序 test.c 中只读取了 10 个字符*/
    sprintf(Message, "If I told you once, I told you %d times - %s", counter++, "Helo, world\n");
    Message_Ptr = Message;
    /*当这个文件被打开的时候，必须确认该模块没有被移走，然后增加此模块的用户数目，与 release()
函数中的 module_put(THIS_MODULE); 这条语句相对应。在执行 cleanup_module()这个函数卸载模块时，
根据这个数字决定是否可卸载，如果不是 0 则表明还有进程在使用这个模块，不能卸载*/
    try_module_get(THIS_MODULE);

    return SUCCESS;
    }
```

4. release( )函数

release( )函数用于进程关闭该设备文件，函数代码如下：

```
static int release_get(struct inode *inode, struct file *file)
{
    printk ("This module is in release!\n");
    #ifdef DEBUG
        printk("release_get(%p, %p)\n", inode, file);
```

```
#endif

    Open_Get--;    /*为下一个使用这个设备的进程做准备*/

    /*减少这个模块使用者的数目，否则将使得模块使用者的数目永远不会为 0，就永远不能释放这个模
块。与 open()函数中的 try_module_get(THIS_MODULE); 这条语句相对应*/
    module_put(THIS_MODULE);

    return 0;
}
```

5．read( )函数

当打开此设备文件以后，read( )函数用于读取数据。测试程序 test.c 调用这个函数，将 10 个字符读入 buf 数组然后输出。函数代码如下：

```
static ssize_t read_get(struct file *file,
    char *buffer, /*把读出的数据放到这个缓冲区，test.c 调用此函数时为数组 buf[]*/
    size_t length, /*缓冲区的长度，test.c 调用此函数时赋值为 10*/
    loff_t *offset)    /*文件中的偏移*/
{
    int i, bytes_read = 0;    /* i 用于后边的循环，bytes_read 是实际读出的字节数 */
    /*验证 buffer 是否可用*/
    if (access_ok(VERIFY_WRITE, buffer, length) == -EFAULT)
        return -EFAULT;

    /*把用户的缓冲区全部写"7"，当然也可以写其他数字*/
    for(i = length; i > 0; i--)
    {
    /*调用 read()函数时，系统进入核心态，不能直接使用 buffer 这个地址，必须用__put_user()这是 kernel
提供的一个函数，用于向用户传送数据。注意，有的内核版本中这个函数是三个参数*/
        __put_user(7, buffer);

        buffer ++;        /*地址指针向后移一位*/
        bytes_read ++;    /*读取的字节数增加 1*/
        printk("Reading NO.%d character!\n", bytes_read);
    }
    return bytes_read;        /*read()函数返回一个真正读出的字节数*/
}
```

6．write( )函数

write( )函数用于将数据写入这个设备文件。但这里的 write( )函数是个空操作，实际调

用时什么也不做，仅仅为 Fops 结构提供函数指针。函数代码如下：

```
static ssize_t write_get(struct file *file, const char *buffer, size_t length, loff_t *offset)
{
    return length;
}
```

7. init_module( )函数

init_module( )函数用来初始化这个模块，即注册该字符设备。init_module( )函数调用 register_chrdev，把设备驱动程序添加到内核的字符设备驱动表中，并返回这个驱动程序所使用的主设备号。函数代码如下：

```
int init_module()
{
    /*定义了 23 个整型变量用以存放寄存器的数值，并在模块加载时显示在屏幕上*/
    long long iValue01, iValue02, iValue03, iValue04, iValue05, iValue06,
        iValue07, iValue08, iValue09, iValue10, iValue11, iValue12, iValue13,
        iValue14, iValue15, iValue16, iValue17, iValue18, iValue19, iValue20,
        iValue21, iValue22, iValue23;

    printk ("\nHello! This is my module---'Get'! \n");

     /*注册字符设备，注册后在 /proc/devices 中可以看到这个字符设备的主设备号*/
    Major = register_chrdev(0, DEVICE_NAME, &Fops_Get);

    /*异常处理*/
    if(Major < 0)
    {
        printk("%s device failed with %d\n", "Sorry, registering the character", Major);
        return Major;
    }

    /*一些提示信息，由于在我的虚拟机中编程时无法使用中文，所以使用英文提示*/
    printk("%s The major device number is %d.\n\n\n", "Registration is success.", Major);
    printk("If you want to talk to the device driver, \n");
    printk("you'll have to create a device file.\n");
    printk("I suggest you use:\n");
    printk("mknod <name> c %d <minor>\n", Major);
    printk("You can try different minor numbers %s", "and something interesting will happen.\n\n\n");
    printk("Here are the value of 23 important registers in my system:\n");

    __asm__ __volatile__ ("movq %%rax, %0":" = r"    (iValue01));
```

```
__asm__ __volatile__ ("movq %%rbx, %0":" = r"    (iValue02));
__asm__ __volatile__ ("movq %%rcx, %0":" = r"    (iValue03));
__asm__ __volatile__ ("movq %%rdx, %0":" = r"    (iValue04));
__asm__ __volatile__ ("movq %%rsp, %0":" = r"    (iValue05));
__asm__ __volatile__ ("movq %%rbp, %0":" = r"    (iValue06));
__asm__ __volatile__ ("movq %%rsi, %0":" = r"    (iValue07));
__asm__ __volatile__ ("movq %%rdi, %0":" = r"    (iValue08));
__asm__ __volatile__ ("movq %%cs, %0":" = r"    (iValue09));
__asm__ __volatile__ ("movq %%ds, %0":" = r"    (iValue10));
__asm__ __volatile__ ("movq %%ss, %0":" = r"    (iValue11));
__asm__ __volatile__ ("movq %%es, %0":" = r"    (iValue12));
__asm__ __volatile__ ("movq %%fs, %0":" = r"    (iValue13));
__asm__ __volatile__ ("movq %%gs, %0":" = r"    (iValue14));
__asm__ __volatile__ ("movq %%cr0, %0":" = r"    (iValue15));
__asm__ __volatile__ ("movq %%cr2, %0":" = r"    (iValue16));
__asm__ __volatile__ ("movq %%cr3, %0":" = r"    (iValue17));
__asm__ __volatile__ ("movq %%dr0, %0":" = r"    (iValue18));
__asm__ __volatile__ ("movq %%dr1, %0":" = r"    (iValue19));
__asm__ __volatile__ ("movq %%dr2, %0":" = r"    (iValue20));
__asm__ __volatile__ ("movq %%dr3, %0":" = r"    (iValue21));
__asm__ __volatile__ ("movq %%dr6, %0":" = r"    (iValue22));
__asm__ __volatile__ ("movq %%dr7, %0":" = r"    (iValue23));

printk ("RAX: %0llx    ", iValue01);
printk ("RBX: %0llx    ", iValue02);
printk ("RCX: %0llx    ", iValue03);
printk ("RDX: %0llx    ", iValue04);
printk ("RSP: %0llx    ", iValue05);
printk ("RBP: %0llx\n", iValue06);
printk ("RSI: %0llx    ", iValue07);
printk ("RDI: %0llx    ", iValue08);
printk ("CS: %0llx    ", iValue09);
printk ("DS: %0llx    ", iValue10);
printk ("SS: %0llx    ", iValue11);
printk ("ES: %0llx\n", iValue12);
printk ("FS: %0llx    ", iValue13);
printk ("GS: %0llx    ", iValue14);
printk ("CR0: %0llx    ", iValue15);
printk ("CR2: %0llx    ", iValue16);
```

```
printk ("CR3: %0llx    ", iValue17);
printk ("DR0: %0llx\n", iValue18);
printk ("DR1: %0llx    ", iValue19);
printk ("DR2: %0llx    ", iValue20);
printk ("DR3: %0llx    ", iValue21);
printk ("DR6: %0llx    ", iValue22);
printk ("DR7: %0llx\n\n\n", iValue23);

return 0;
}
```

8. cleanup_module( )函数

cleanup_module( )函数在卸载模块时被调用，主要是通过调用 unregister_chrdev( )从 /proc 中注销设备文件。函数代码如下：

```
void cleanup_module()
{
    printk ("Uninstall 'Get'! Thanks you!\n");

    /*取消设备文件的注册。被调用执行后可在/proc/devices 里看到效果*/
    unregister_chrdev(Major, DEVICE_NAME);

}
```

4.4.3 Makefile 文件的设计

Makefile 文件代码如下：

```
ifneq ($(KERNELRELEASE), )
#kbuild syntax. dependency relationshsip of files and target modules are listed here.
obj-m += get.o
else
PWD    := $(shell pwd)
KVER ?= $(shell uname -r)
KDIR := /usr/src/kernels/$(KVER)
all:
    @$(MAKE) -C $(KDIR) M = $(PWD)
clean:
    @rm -rf .*.cmd *.o *.mod.c *.ko *.symvers *.ko.unsigned *.order
endif
```

4.4.4 程序执行过程

在字符界面下以管理员身份登录，如下所示：

```
Red Hat Enterprise Linux Server release 6.5 (Santiago)
Kernel 2.6.32-431.el6.x86_64 on an x86_64

localhost login: root
Password:
Last login: Mon Aug 18 01:27:20 from 10.211.55.2
[root@localhost ~]# _
```

进入 803 目录，以下是用到的三个程序：

```
[root@localhost 803]# ls
get.c  Makefile  test.c
[root@localhost 803]#
```

执行 make 命令，编译生成 get.ko 模块文件，如下所示：

```
[root@localhost 803]# make
make[1]: Entering directory `/usr/src/kernels/2.6.32-431.el6.x86_64'
  LD      /root/os_exec/os-expr-rhel6_x64/803/built-in.o
  CC [M]  /root/os_exec/os-expr-rhel6_x64/803/get.o
  Building modules, stage 2.
  MODPOST 1 modules
  CC      /root/os_exec/os-expr-rhel6_x64/803/get.mod.o
  LD [M]  /root/os_exec/os-expr-rhel6_x64/803/get.ko.unsigned
  NO SIGN [M] /root/os_exec/os-expr-rhel6_x64/803/get.ko
make[1]: Leaving directory `/usr/src/kernels/2.6.32-431.el6.x86_64'
```

运行命令 insmod get.ko，将 get.ko 加载进模块，通过 dmesg 查看加载结果如下所示：

```
Uninstall 'Get'! Thanks you!

Hello! This is my module---'Get'!
Registration is success. The major device number is 248.


If you want to talk to the device driver,
you'll have to creat a device file.
I suggest you use:
mknod <name> c 248 <minor>
You can try different minor numbers and something interesting will happen.


Here are the value of 23 important registers in my system:
RAX: 3e  RBX: 0  RCX: 0  RDX: 0  RSP: ffff880037bebe58  RBP: ffff880037bebf18
RSI: 3e  RDI: 246  CS: 10  DS: 0  SS: 18  ES: 0
FS: 0  GS: 0  CR0: 8005003b  CR2: 7f4838975000  CR3: 3bd63000  DR0: 0
DR1: 0  DR2: 0  DR3: 0  DR6: ffff0ff0  DR7: 400


[root@localhost 803]#
```

4.4.5 程序执行结果分析

对取出的寄存器的数值作简要解释和分析，如表 4-2 所示。

表 4-2　寄存器数值含义解释

寄存器名称	寄存器位数	寄存器数值	寄存器数值的含义
RAX		3e	表示当前累加值为 3e(0x)
RBX		0	表示当前全 32 位基地址为 0(0x)
RCX		0	表示当前记数值为 0(0x)
RDX	64	0	表示当前数据段所存放的数据为 0(0x)
RSP		ffff88003767de58	表示当前堆栈指针的全 64 位地址为 ffff88003767de58(0x)，即这个内存地址里存放的就是当前的栈顶元素
RBP		ffff88003767df18	表示当前基址指针的全 64 位地址为 ffff88003767df18(0x)，即这个内存地址里存放的就是当前的基地址
RSI	64	3e	表示源操作数变址寻址公式(源操作数形式地址＋变址量＝源操作数有效地址)中所用的变址量为 3e(0x)
RDI		246	表示目的操作数变址寻址公式(目的操作数地址＋变址量＝目的操作数有效地址)中所用的变址量是 246(0x)
CS		10	表示代码段、数据段、堆栈段和三个附加数据段在描述符表(Descriptor)中的选择符分别为 10(0x)、0(0x)、18(0x)、0(0x)、0(0x)、0(0x)
DS		0	
SS	32	18	
ES		0	
FS		0	
GS		0	
CR0		8005003b	表示机器状态字是 8005003b(0x)。PG＝1，PE＝1 表示以允许分页的保护模式启动；EM＝0 表示允许使用协处理器；ET＝1 表示当前使用的是 387 浮点协处理器
CR2	64	7f4838975000	表示最后一次出现页故障的全 32 位线性地址为 7f4838975000(0x)
CR3		3bd63000	表示页目录表的物理地址是 3bd630002(0x)。由于页目录表总是放在以 4 KB 为单位的存储器边界上，而 4K 等于 2 的 12 次幂，所以其地址的低 12 位总为 0

寄存器名称	寄存器位数	寄存器数值	寄存器数值的含义
DR0		0	表示系统程序设计人员并未对这四个断点地址进行设置
DR1		0	
DR2		0	
DR3		0	
DR6	64	ffff0ff0	表示断点寄存器的指示符位是 0ff0。当允许故障调试，可以检查故障而进入异常调试处理程序(debug( ))时，由硬件把指示符位置为 1，调试异常处理程序在退出之前必须把这 16 位置为 0
DR7		400	表示未对断点字段的长度进行规定，而用于"允许"断点和"允许"所选择的调试条件的低位半个字为 0x 0400

习题

1. 试比较内核模块与普通 C 语言程序之间的区别。

2. 请思考内核在调用 init_module( )和 cleanup_module( )两个函数的前后分别做了哪些操作。

3. 如何让一个内核模块可以在 Linux 操作系统启动的过程中被自动加载？

4. 如何将一个编译之后得到的内核模块添加到 Linux 操作系统的内核中？

第 5 章　字符设备编程

5.1　字符设备简介

字符设备是指以字符为单位与应用程序进行数据传输的设备，如键盘、串口通信、音频设备等。请注意，以字符为单位并不一定意味着是以字节为单位，因为有的编码规则规定，1 个字符占 16 比特，合 2 个字节。

5.2　字符设备管理及相关函数

5.2.1　设备编号

Linux 操作系统会在文件系统 /dev 目录下对每个字符设备和块设备(下一章介绍)创建一个设备文件，用户和应用程序可以通过设备文件访问该设备。

运行 ls -l 命令，以列表方式查看 /dev 目录下的设备文件信息。其中，所有以字母 "c" 开头的设备文件对应的是字符设备；所有以字母 "b" 开头的设备文件对应的是块设备。下列是截取的部分字符设备。其中，逗号左侧的列显示的是主设备编号(major number)，如 1、5、4、7；日期左侧的列显示的是次设备编号(minor number)。

```
crw-rw-rw-.  1 root root       1,    3 Mar    25 00:47 null
crw-rw-rw-.  1 root root       1,    8 Mar    25 00:47 random
crw-rw-rw-.  1 root tty        5,    0 Mar    25 00:47 tty
crw--w----.  1 root tty        4,    0 Mar    25 00:47 tty0
crw-rw----.  1 root dialout    4,   64 Mar    25 00:47 ttyS0
crw-rw-rw-.  1 root root       1,    5 Mar    25 00:47 zero
```

通常，主设备编号标识与当前设备相关的设备驱动。例如，/dev/null、/dev/zero、/dev/random 三个设备都是由设备驱动 1 进行驱动，而虚拟终端和串行终端分别由驱动 5 和驱动 4 管理。现代 Linux 内核允许多个设备共享同一个主设备编号，但是多数设备依然遵循"一对一"的原则。

内核使用次设备编号确定正在引用的是哪个设备。根据设备驱动的不同实现，可以选择由内核指定一个次设备编号，也可以选择由程序自己指定。

5.2.2 处理 dev_t 类型

在内核中，dev_t 类型(在 <linux/types.h> 中定义)用于保存设备编号(包括主设备编号和次设备编号)。从版本 2.6 开始，内核中定义的 dev_t 是一个 32 位值。其中，12 位用于主设备编号，20 位用于次设备编号。当然，考虑到代码的可移植性和向后兼容性，应该使用 <linux/kdev_t.h> 中定义的一组宏对设备编号进行操作。可以通过如下宏从设备编号中获得主设备编号和次设备编号：

```
MAJOR(dev_t dev);
MINOR(dev_t dev);
```

反之，可以通过如下代码从主设备编号和次设备编号生成设备编号：

```
MKDEV(int major, int minor);
```

此外，从 2.6 版本内核开始，内核可以容纳更多的设备，而之前版本的内核最多支持 255 个主设备编号和 255 个次设备编号。

5.2.3 分配和释放设备编号

在驱动被使用之前，首先需要为驱动分配设备编号。在 Linux 操作系统中，可以通过静态和动态两种方式为驱动分配设备编号。通过下面的方法可以为设备驱动静态分配一个可用设备编号区域(一个或多个设备编号)：

```
int register_chrdev_region(dev_t from, unsigned count, const char *name)
```

其中，from 结构指明需要申请的第一个设备编号，同时 from 结构必须包含主设备号，次设备号通常为 0；参数 count 是需要申请的连续设备号的个数；参数 name 是设备驱动的名称，申请的设备编号会自动与该名称关联。若申请的设备编号没有被占用，则内核可以成功分配并返回 0，否则返回负值。

静态分配设备编号的前提是需要知道哪些设备编号没有被内核占用，可以在开发阶段进行测试使用。但是，如果需要将驱动分发给他人在不同的环境下运行，就必须让操作系统根据实际情况进行分配。此时，可以通过以下方法动态分配设备编号：

```
int alloc_chrdev_region(dev_t *dev, unsigned baseminor, unsigned count, const char *name)
```

其中，dev 和 baseminor 是出口参数，分别保存了内核动态分配的第一个主设备编号和次设备编号。参数 count、name 以及返回值的含义与静态分配设备编号方法 register_chrdev_region 中的含义相同。该函数是在 insmod 之后被调用的，因此不能事先获知分配的设备号并创建设备文件，但可以通过编写脚本(Bash 脚本或 AWK 脚本)动态查看/proc/devices 文件获知分配的设备号并创建设备文件。

无论采用何种方式分配设备编号，当不再使用该设备时都需要释放申请的设备编号。可以通过以下函数命令释放设备编号：

```
void unregister_chrdev_region(dev_t from, unsigned count)
```

5.3 字符设备编程实践

下面编写一个简单的字符设备驱动程序 scull，要求该字符设备包括 scull_open( )、scull_write( )、scull_read( )、scull_ioctl( )和 scull_release( )五个基本操作，再编写一个测试程序来测试所编写的字符设备驱动程序。

5.3.1 入口函数流程图

1．函数 scull_open( )

函数 scull_open( )的流程图如图 5-1 所示。

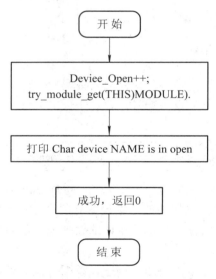

图 5-1 函数 scull_open()的流程图

2．函数 scull_write( )

函数 scull_write( )的流程图如图 5-2 所示。

3．函数 scull_read( )

函数 scull_read( )的流程图如图 5-3 所示。

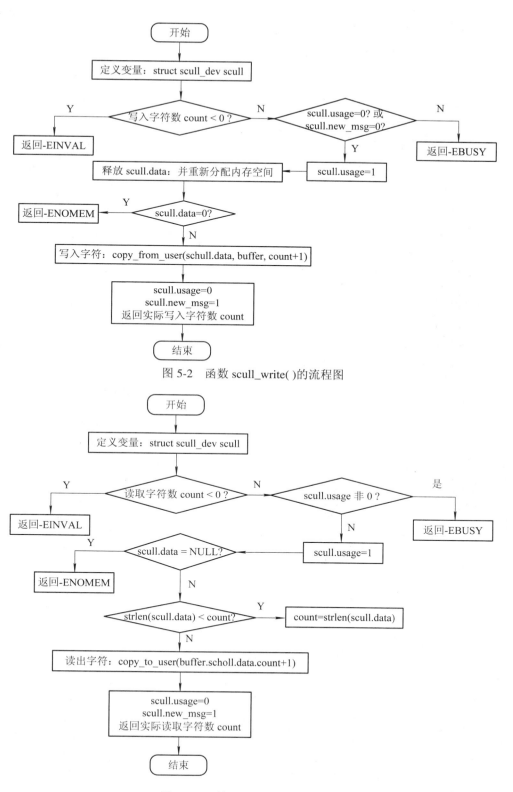

图 5-2　函数 scull_write( )的流程图

图 5-3　函数 scull_read( )的流程图

4．函数 scull_ioctl( )

函数 scull_ioctl( )的流程图如图 5-4 所示。

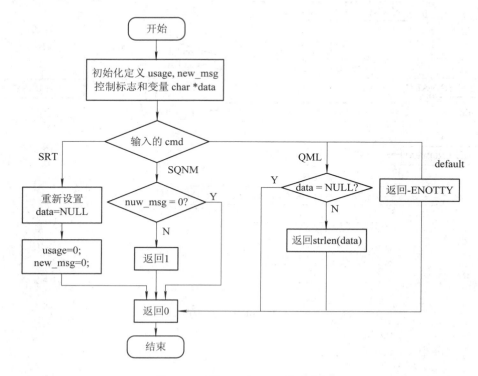

图 5-4　函数 scull_ioctl( )的流程图

5．函数 scull_release( )

函数 scull_release( )的流程图如图 5-5 所示。

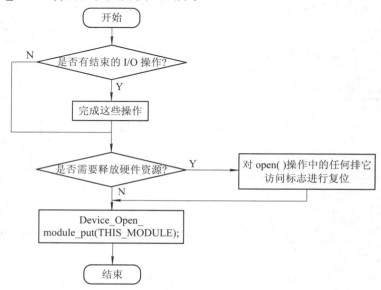

图 5-5　函数 scull_release()的流程图

5.3.2 字符设备的结构

下面以一个简单的例子说明字符设备驱动程序中字符设备结构的定义。程序代码如下：

```
struct scull_dev {
    void *data;
    int quantum;                    //当前容量的大小
    int qset;                       //当前数组的大小
    unsigned long size;
    unsigned int access_key;        //由 sculluid 和 scullpriv 使用的存取字段
    unsigned int usage;             //当字符设备正使用时加锁
    unsigned int new_msg;
    struct scull_dev *next;         //指向下一字符设备
};

struct scull_dev scull;

/* 打开字符设备 */
int scull_open(struct inode *inode, struct file *filp);
/* 释放字符设备 */
int scull_release(struct inode *inode, struct file *filp);
/* 将数据送往字符设备 */
ssize_t scull_write(struct file *filp, const char *buffer, size_t count, loff_t *off);
/* 从字符设备读出数据，写入用户空间 */
ssize_t scull_read(struct file *filp, char *buffer, size_t count, loff_t *off);
/* 字符设备的控制操作 */
int scull_ioctl(struct inode *inode, struct file *filp, unsigned int cmd, unsigned long arg);

struct file_operations scull_chops = {
    read: scull_read,
    write: scull_write,
    ioctl: scull_ioctl,
    open: scull_open,
    release: scull_release
};
```

5.3.3 字符设备驱动程序入口点

字符设备驱动程序入口点主要包括初始化字符设备、字符设备的 I/O 调用和中断。在引导系统时，每个设备驱动程序通过其内部的初始化函数对其控制的设备及其自身初始化。字符设备初始化函数为 chr_dev_init( )，包含在 /linux/drivers/char/mem.c 中，它的主要功能是在内核中登记设备驱动程序。具体调用是通过 register_chrdev( )函数。register_chrdev( )函数定义如下：

```
#include <linux/fs.h>
#include <linux/errno.h>

int register_chrdev(unsigned int major, const char *name, struct file_operations *fops);
```

其中，major 是设备驱动程序向系统申请的主设备号，如果为 0，则系统为该驱动程序动态地分配一个主设备号。name 是设备名，fops 是前面定义的 file_operations 结构的指针。在登记成功的情况下，如果指定了 major，则 register_chrdev( )函数返回值为 0；如果 major 值为 0，则返回内核分配的主设备号。如果 register_chrdev( )函数操作成功，设备名就会出现在/proc/devices 文件里。在登记失败的情况下，register_chrdev( )函数返回值为负。

初始化部分一般还负责给设备驱动程序申请系统资源，包括内存、中断、时钟、I/O 端口等，这些资源也可以在 open( )子程序或别的地方申请。不用这些资源的时候，应该释放它们，以利于资源的共享。

用于字符设备的 I/O 调用函数主要有：open( )、release( )、read( )、write( )和 ioctl( )。

open( )函数的使用比较简单，当一个设备被进程打开时，open( )函数被唤醒，如下所示：

```
int scull_open(struct inode *inode，struct file *filp) {
    …
    try_module_get(THIS_MODULE);
    return 0;
}
```

为了避免模块在使用过程中被卸载，Linux 内核通过"使用计数"来描述模块是否正在被使用。在 2.4 版本内核中，模块使用 MOD_INC_USE_COUNT 和 MOD_DEC_USE_COUNT 两个宏来管理自己被使用的计数。2.6 版本的 Linux 内核提供了更健壮、更灵活的模块计数管理接口 try_module_get(&module)和 module_put(&module)，用来替换 2.4 版本内核中的模块使用计数管理宏。

release( )函数的使用和 open( )函数相似，如下所示：

```
int scull_release(struct inode *inode，struct file *filp) {
    …
    module_put(THIS_MODULE);
    return 0;
}
```

当设备文件执行 read( )调用时，看起来是从设备中读取数据，实际上是从内核数据队列中读取数据，并传送给用户空间。设备驱动程序的 write( )函数的使用和 read( )函数相似，只不过是数据传送的方向发生了变化，即按要求的字节数(count)将数据从用户空间的缓冲区(buf)复制到硬件或内核的缓冲区中。

ioctl( )是设备驱动程序中对设备的 I/O 通道进行管理的函数。所谓对 I/O 通道进行管理，就是对设备的一些特性进行控制，如串口的传输比特率、马达的转速等。有时需要获取或改变正在运行的设备的参数，这时就要用到 ioctl()函数，具体格式如下：

```
int scull_ioctl(struct inode *inode, struct file *filp, unsigned int cmd, unsigned long arg);
```

其中，参数 cmd 是驱动程序要执行的命令的特殊代码；参数 arg 是任何类型的 4 字节数，它为特定的 cmd 提供参数。Linux 中定义了四种 ioctl( )函数的调用格式，分别如下所示：

```
_IO(type, nr)                  // 无参数的 ioctl
_IOR(type, nr, size)           // 有读参数的 ioctl(copy_to_user)
_IOW(type, nr, size)           // 有写参数的 ioctl(copy_from_user)
_IOWR(type, nr, size)          // 有读写参数的 ioctl
```

上述的"读"和"写"是从用户视角来看的，就像系统调用"read"和"write"一样。用户"读"实际上需要内核从内核空间或设备上拷贝数据到用户空间(copy_to_user)，反之亦然。

以上四个宏定义中，第一个参数 type 是标识符，有时也通过设备的主设备号来标识。由于有大量的设备，因此有很多设备会共享同一个 type 标识符。第二个参数是一个用来区分不同 ioctl 的序列号。第三个参数是需要传递给内核或从内核中传回数据的数据类型。

为字符设备定义如下三个没有参数传递的 _IO 操作，分别是 SCULL_RESET、SCULL_QUERY_NEW_MSG 和 SCULL_QUERY_MSG_LENGTH。代码如下：

```
#include <linux/ioctl.h>

#define SCULL_MAJOR 253
#define SCULL_NAME "test_device"
#define DEVICE_FILE "/dev/scull"


#define SCULL_MAGIC SCULL_MAJOR
#define SCULL_RESET _IO(SCULL_MAGIC, 0)                       //重置数据
#define SCULL_QUERY_NEW_MSG _IO(SCULL_MAGIC, 1)               //检查新消息
#define SCULL_QUERY_MSG_LENGTH _IO(SCULL_MAGIC, 2)            //获取消息长度
#define IOC_NEW_MSG 1
```

5.3.4 字符设备驱动程序的安装

编写完设备驱动程序后，下一项任务是对它进行编译并装入内核。若要编译字符设备驱动程序，可以使用如下 Makefile 文件：

```
obj-m += scull.o
KDIR = /usr/src/kernels/$(shell uname -r)
PWD := $(shell pwd)


scull.o: scull.c
gcc -C $(KDIR) M = ${pwd} modules
echo ""
echo "Run \"insmod scull.ko\" to install scull device."
echo "Run \"mknod DEVICE_FILE c MAJOR MINOR\" to make a device file."
echo ""


clean:
    rm -f *.cmd *.o *.mod.c *.ko *.symvers *.ko.unsigned *.order


.PHONY: clean
```

然后，使用 insmod 命令装入编译好的内核模块。

5.3.5　测试程序

　　该字符设备驱动程序编译加载后，在/dev 目录下创建字符设备文件 chrdev，使用如下命令：

```
[root@localhost char]#mknod /dev/scull c major minor
```

其中，"c"表示 chrdev 是字符设备，"major"是 chrdev 的主设备号。该字符设备驱动程序编译加载后，可在 /proc/devices 文件中获得主设备号，或者使用下面的命令获得主设备号：

```
[root@localhost char]# cat /proc/devices | awk '$2~/scull/ { print $1}'
```

　　minor 是次设备号，由用户自己定义。

　　测试程序由 write_proc 和 read_proc 两个函数组成。其中，write_proc 负责向字符设备 /dev/scull 中写入消息；read_proc 则从该设备中读取刚刚写入的消息。为了测试字符设备，需要通过两个终端接入系统，每个终端分别运行一个 scull_test 程序。其中，一个传入 read 参数，一个传入 write 参数。当 write 进程还没有向字符设备写入数据时，read 进程将挂起，等待字符设备可以读出数据。同样，当 read 进程还没有读取字符设备上的消息时，write 进程将挂起，不接受用户输入。程序运行的效果是：当用户从 write 进程输入文本并键入回车后，read 进程上将立即显示刚刚键入的消息；当用户从 write 进程上键入 exit 后，write 进程将退出；当 read 进程从字符设备上读取到 exit 后，read 进程将退出。

习题

1. 试分析你的 Linux 操作系统中已经定义了哪些字符设备，理论上，2.6 版本的 Linux 内核可以容纳多少种字符设备？

2. 试比较设备编号的静态分配和动态分配的优缺点和实现方式的不同。

3. 请思考在用户空间和内核空间如何实现数据传输。

4. 试分析在 insmod 和 rmmod 两个命令的背后，Linux 操作系统都做了哪些操作。

第 6 章　块设备编程

6.1　块设备简介

　　块设备用于存储信息，基本单位为数据块，属于有结构设备。Linux 操作系统将磁盘、光盘、U 盘这类可以随机访问固定大小数据片的设备称为块设备，这些被随机访问的数据片即为块。通常，块设备以安装文件系统的方式被使用。块设备的访问方式是随机的，即可以在设备的多个位置间任意地移动并访问。与字符设备不同，由于所有的块设备具有相同的特性，因此 Linux 内核为所有块设备提供了一个统一的服务子系统。

　　如图 6-1 所示，通用块层隐藏了底层硬件细节，提供块设备的抽象视图给文件系统，包括通用的数据结构描述的"磁盘"和"磁盘分区"；I/O 调度层根据内核制定的策略对挂起的 I/O 数据传送请求进行排序和调度，可以提高 I/O 调度器的效率，也影响到整个系统对块设备上数据管理的效率；块设备驱动程序完成和硬件的具体交互。

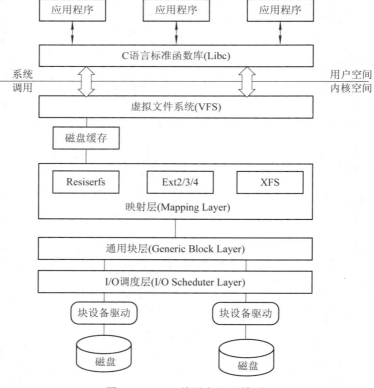

图 6-1　Linux 块设备处理模型

6.2 块设备管理及相关函数

6.2.1 块设备的表示

在 Linux 2.6.32 版内核中，描述块设备的数据结构有两个，一个是 struct block_device，用来描述一个块设备或者块设备的一个分区；另一个是 struct gendisk，用来描述整个块设备的特性。对于一个包含多个分区的块设备，struct block_device 结构有多个，而 struct gendisk 结构只有一个。

首先，来看一下 block_device 结构体，如下：

```
struct block_device {
    dev_t                    bd_dev;
    struct inode *           bd_inode;
    struct super_block *     bd_super;
    int                      bd_openers;
    struct mutex             bd_mutex;
    struct list_head         bd_inodes;
    void *                   bd_holder;
    int                      bd_holders;
#ifdef CONFIG_SYSFS
    struct list_head         bd_holder_list;
#endif
    struct block_device *    bd_contains;
    unsigned                 bd_block_size;
    struct hd_struct *       bd_part;
    unsigned                 bd_part_count;
    int                      bd_invalidated;
    struct gendisk *         bd_disk;
    struct list_head         bd_list;
    unsigned long            bd_private;
    int                      bd_fsfreeze_count;
    struct mutex             bd_fsfreeze_mutex;
};
```

bd_dev：该设备(或者是分区)的设备号；

bd_inode：指向该设备文件的 inode；

bd_super：指向 bdev 文件系统中块设备对应的索引节点的指针，将被废弃；

bd_inodes：已打开的块设备文件的索引节点链表的首部；

bd_openers：一个引用计数，记录了该块设备打开的次数，或者说有多少个进程打开了该设备；

bd_mutex：保护块设备的打开和关闭的信号量(互斥锁)；

bd_holder：块设备描述符的当前所有者；

bd_holders：计数器，统计对 bd_holder 字段设置的次数；

bd_contains：如果该 block_device 描述的是一个分区，则该变量指向描述主块设备的 block_device，反之，则指向其本身；

bd_block_size：块大小；

bd_part：如果该 block_device 描述的是一个分区，则该变量是指向分区描述符的指针，如果该块设备不是一个分区，则为 NULL；

bd_part_count：如果是分区，该变量记录了分区被打开的次数，在进行分区的重新扫描前，要保证该计数值为 0；

bd_invalidated：当需要读块设备的分区表时设置的标志；

bd_disk：指向块设备中基本磁盘的 gendisk 结构的指针；

bd_list：用于块设备描述符链表的指针；

bd_private：指向块设备持有者的私有数据的指针；

bd_fsfreeze_count：冻结进程计数器。

下面，来看一下 gendisk 结构体的定义：

```
struct gendisk {
    int         major;
    int         first_minor;
    int         minors;

    char    disk_name[DISK_NAME_LEN];
    char *(*devnode)(struct gendisk *gd, mode_t *mode);
    struct disk_part_tbl        *part_tbl;
    struct hd_struct                part0;

    const struct block_device_operations        *fops;
    struct request_queue                        *queue;
    void    *private_data;

    int         flags;
    struct device               *driverfs_dev;
    struct kobject      *slave_dir;

    struct timer_rand_state         *random;

    atomic_t                        sync_io;        /* RAID */
    struct work_struct      async_notify;
```

```
#ifdef    CONFIG_BLK_DEV_INTEGRITY
    struct blk_integrity        *integrity;
#endif
    int node_id;
};
```

　　major：块设备的主设备号；

　　first_minor：起始次设备号；

　　minors：描述了该块设备有多少个次设备号，或者说有多少个分区，如果 minors 为 1，则表示该块设备没有分区；

　　disk_name[DISK_NAME_LEN]：主设备驱动的名字；

　　part_tbl：整个块设备的分区信息都包含在里面，其核心结构是一个 struct hd_struct 的指针数组，每一项都指向一个描述分区的 hd_struct 结构；

　　fops：指向特定设备的底层操作函数集；

　　queue：块设备的请求队列，所有针对该设备的请求都会放入该请求队列中，经过 I/O scheduler 的处理再进行提交；

　　块设备的分区信息由 struct hd_struct 结构描述，其中最重要的信息就是分区的起始扇区号和分区的大小。所有分区信息都一起保存在 gendisk 的 part_tbl 结构中，同时每个分区的 block_device 也可以通过 bd_part 来查询对应的分区信息。图 6-2 描述了 block_device、gendisk 以及分区描述符之间的关系(块设备有两个分区)。

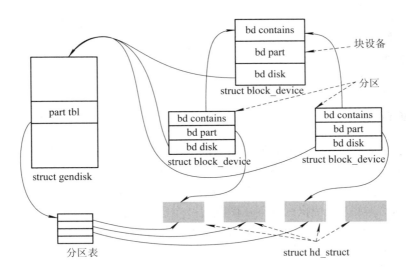

图 6-2　block_device、gendisk 以及分区描述符之间的关系

6.2.2　块设备的基本入口点

　　块设备使用 block_device_operations 结构体注册该设备所提供的基本操作，其中 black_device_operations 结构体在<linux/fs.h>头文件中定义。

就像在字符设备驱动中定义的操作一样，设备被打开和关闭时都要调用如下函数：

```
int open(struct inode *inode, struct file *filp);
int release(struct inode *inode, struct file *filp);
```

实现 ioctl 系统调用的方法与字符设备不同，内核提供的通用块层将解释大量的标准请求，因此大部分块设备驱动 ioctl 方法相当短。其语法格式如下：

```
int ioctl(struct inode *inode, struct file *filp, unsigned int cmd, unsigned long arg);
```

media_changed 方法被内核调用来检查是否用户已经改变了驱动器中的介质，如果已经改变了，函数 media_changed 将返回一个非零值。显然，该方法仅适用于支持可移出介质的驱动器(并且最好给驱动器一个"介质被改变"的标志)，在其他情况下可被忽略。其中，struct gendisk 参数代表内核中某单个磁盘，后面将有介绍。media_changed 函数调用语法格式如下：

```
int media_changed(struct gendisk *gd);
```

revalidate_disk 方法被调用来响应一个驱动器中介质的改变，它给驱动程序一个机会来进行任何可能的工作，从而做好使用新介质的准备。这个函数返回一个 int 值，但是该返回值会被内核忽略。revalidate_disk 函数调用语法格式如下：

```
int revalidate_disk(struct gendisk *gd);
```

owner 是一个指向拥有这个结构的模块的指针，通常，它应当被初始化为 module。如下：

```
struct  module *owner;
```

值得注意的是，和字符设备不同，块设备的 block_device_operations 结构体中没有给出实际进行读或写的函数。

6.2.3 自旋锁

自旋锁是专为防止多处理器并发而引入的一种锁，它在内核中大量应用于中断处理等部分(对于单处理器来说，防止中断处理中的并发可采用关闭中断的方式，即在标志寄存器中关闭/打开中断标志位，不需要自旋锁)。自旋锁最多只能被一个可执行单元持有，它不会引起调用者睡眠。如果一个执行线程试图获得一个已经被持有的自旋锁，那么线程就会一直进行循环等待，直到所申请的自旋锁的保持者已经释放了锁，"自旋"就是这个意思。

采用如下方式初始化自旋锁：

```
spin_lock_init(x);
```

该宏用于初始化自旋锁 x，自旋锁在使用前必须先初始化。

采用如下方式获取自旋锁：

```
spin_lock(x);
```

如果成功获取自旋锁 x，就会马上返回，否则它将一直自旋在那里，直到该自旋锁的保持者释放。

采用如下方式试图获得自旋锁：

```
spin_trylock(x);
```

如果能立即获得锁则返回真，否则立即返回假，此时不会一直等待被释放。

采用如下方式释放自旋锁：

```
spin_unlock(x);
```

此命令与 spin_trylock 或 spin_lock 配对使用。

6.2.4 块设备的注册

大部分块设备驱动首先使用函数 register_blkdev(在<linux/fs.h>中定义)在内核中注册自己，register_blkdev 的函数原型如下：

```
int register_blkdev(unsigned int major, const char *name);
```

和字符设备类似，第一个参数 major 是申请注册设备的主设备编号，第二个参数是这个设备关联的名字(将出现在/proc/devices 文件中)。如果 major 传递的值为 0，则内核分配一个新的主设备编号并作为函数值返回；如果 register_blkdev 返回负数，则说明注册过程发生了错误。

与之对应的注销设备驱动的函数是

```
int unregister_blkdev(unsigned int major, const char *name);
```

此时传递给 unregister_blkdev 函数的参数必须同传递给 register_blkdev 的参数匹配，否则将返回-EINVAL 错误并且不注销任何设备驱动。

由于函数 register_blkdev 所提供的功能正在随着时间不断减少，所以使用函数 register_blkdev 注册一个块设备驱动完全是可选的。在 2.6 内核中，这个调用的任务是：

① 如果需要，动态分配一个主设备编号；

② 在/proc/devices 中创建一个入口。在未来的内核版本中，函数 register_blkdev 将被移除。

真正在 Linux 操作系统中安装一个块设备需要调用 alloc_disk( )和 add_disk( )函数来实现。结构体 gendisk 是一个动态分配的结构，驱动器程序不能自己分配这个结构，它需要特别的内核操作来初始化，如下所示：

```
struct gendisk *alloc_disk(int minors);
```

alloc_disk 是内核提供的一个初始化 gendisk 结构体的函数，参数 minors 是这个磁盘使用的次编号数目。当不再需要一个磁盘时，通过 del_gendisk 函数来释放 gendisk 结构体。代码如下：

```
void del_gendisk(struct gendisk *gd);
```

通过 alloc_disk 函数初始化一个 gendisk 结构体时，Linux 内核还不能使用该磁盘，要想使用该磁盘，必须在初始化完这个结构体后调用 add_disk 函数。代码如下：

```
void add_disk(struct gendisk *gd);
```

一旦调用了 add_disk 函数，gd 所代表的磁盘状态将一直是"活跃"的，并且它的方法可在任意时间被调用。实际上，第一个调用将在 add_disk 返回之前就发生，即内核将读取该磁盘驱动器的前几个字节以试图找到一个分区表。因此，在调用 add_disk 函数之前，需要保证该块设备已经被完全初始化并且做好响应任意请求的准备。

6.3 块设备编程实践

下面编写一个简单的块设备驱动程序 sbull，以实现一套内存中的虚拟磁盘驱动器。要求该块设备包括 sbull_open( )、sbull_ioctl( )和 sbull_release( )等基本操作。对每个驱动器，sbull 分配一个内存数组，然后可通过块操作来访问这个数组。通过在该驱动器上进行分区、建立文件系统并将其加载到系统层级中可以测试 sbull 程序。

此外，sbull 设备被定义为一个可移出的设备。当最后一个用户关闭设备时，将设置一个 30 秒的定时器。如果设备在这个时间内不再次被打开，设备的内容将被清除，并且内核被告知介质已被改变。30 秒延迟给了用户一定的时间进行必要的操作，例如，在创建一个文件系统之后卸载一个 sbull 设备的操作。

6.3.1 块设备的结构

在 sbull 程序中，块设备驱动程序描述符是一个 sbull_dev 类型的数据结构，其定义如下：

```
struct sbull_dev {
    int size;                               /* 以扇区为单位的设备容量 */
    u8 *data;                               /* 数据数组 */
    short users;                            /* 设备的用户数 */
    short media_change;                     /* 表示设备介质是否发生改变的标志位 */
    spinlock_t lock;                        /* 为了互斥准备的自旋锁 */
    struct request_queue *queue;            /* 块设备的请求队列 */
    struct gendisk *gd;                     /* 指向结构体 gendisk 的指针 */
    struct timer_list timer;                /* 为了模拟设备介质的改变 */
};

static struct block_device_operations sbull_ops = {
    .owner          = THIS_MODULE,
    .open           = sbull_open,
    .release        = sbull_release,
    .media_changed  = sbull_media_changed,
    .revalidate_disk = sbull_revalidate,
```

```
        .ioctl          = sbull_ioctl,
        .getgeo         = sbull_getgeo,
};
```

在这个结构中，请求队列 queue 是主体，gd 是指向结构体 gendisk 的指针，该结构体将在下文中进行介绍，它在内核中代表一个可被直接访问和使用的磁盘设备，还有一个指针 data 是用内存模拟的该设备的磁盘空间。

所有 sbull_dev 块设备的描述符都存放在 Devices 数组中，如下所示：

```
static struct sbull_dev *Devices = NULL;
```

每个块设备都对应着数组中的一项。每当用户进程对一个 sbull_dev 块设备发出一个读写请求时，首先调用 VFS 提供的所有块设备共用的函数 generic_file_read( )和 generic_file_write( )，如果数据存在于缓冲区中或缓冲区还可以存放数据，就同缓冲区进行数据交换。否则，系统会将相应的请求队列结构添加到相应设备的请求队列中，等待被块设备处理。

6.3.2　块设备的注册

sbull 模块的初始化函数为 sbull_init( )，函数中通过调用 register_blkdev 来注册一个块设备"sbull"，如下所示：

```
sbull_major = register_blkdev(sbull_major, "sbull");
if (sbull_major <= 0) {
    printk(KERN_WARNING "sbull: unable to get major number\n");
    return -EBUSY;
}
```

成功注册后，块设备驱动将创建 Devices 数组，并通过调用 setup_device( )函数安装每一个块设备，如下所示：

```
    Devices = kmalloc(ndevices*sizeof (struct sbull_dev), GFP_KERNEL);
    if (Devices == NULL)
        goto out_unregister;
    for (i = 0; i < ndevices; i++)
        setup_device(Devices + i, i);


    return 0;


  out_unregister:
    unregister_blkdev(sbull_major, "sbd");
    return -ENOMEM;

}
```

在 setup_device( )函数中，首先需要初始化一个 sbull_dev 结构体对象，如下所示：

```
memset(dev, 0, sizeof (struct sbull_dev));
dev->size = nsectors*hardsect_size;
dev->data = vmalloc(dev->size);
if (dev->data == NULL)
{
    printk (KERN_NOTICE "vmalloc failure.\n");
    return;
}
spin_lock_init(&dev->lock);
```

在成功分配并初始化一个自旋锁之后，设置为 sbull 块设备分配一个定时器。成功设置后，定时器在启动并计时结束之后将会调用 sbull_invalidate( )函数，该函数通过设置相应的标志位 media_change 表示该块设备中的介质被移除。设置了标志位之后，当该设备下次被激活时，系统将调用 sbull_revalidate( )函数清除 sbull 块设备内存中的数据，以此模拟更换介质的操作。代码如下：

```
init_timer(&dev->timer);
dev->timer.data = (unsigned long) dev;
dev->timer.function = sbull_invalidate;
```

下一步是分配请求队列。sbull 提供的请求队列支持 3 种模型：无队列、简单队列和全能队列。如果采用简单队列模型，就需要完成如下调用对设备的请求队列进行初始化：

```
dev->queue = blk_init_queue(sbull_request, &dev->lock);
```

其中，sbull_request 是队列请求函数，该函数实际上是进行读和写请求的函数。当分配一个请求队列时，必须提供一个自旋锁来控制对该队列的存取。

块设备请求队列初始化成功后，需要在内核中安装对应的 gendisk 结构，如下所示：

```
dev->gd = alloc_disk(SBULL_MINORS);
if (! dev->gd)
{
    printk (KERN_NOTICE "alloc_disk failure\n");
    goto out_vfree;
}
dev->gd->major = sbull_major;
dev->gd->first_minor = which*SBULL_MINORS;
dev->gd->fops = &sbull_ops;
dev->gd->queue = dev->queue;
dev->gd->private_data = dev;
snprintf (dev->gd->disk_name, 32, "sbull%c", which + 'a');
set_capacity(dev->gd, nsectors*(hardsect_size/KERNEL_SECTOR_SIZE));
add_disk(dev->gd);
```

其中，SBULL_MINORS 是每个 sbull 设备所支持的次设备编号的数量。当给每个设备设置第一个次设备编号时，必须考虑之前所有被使用的编号。若将磁盘名称设置为 sbull，则第一个编号是 sbulla，第二个编号是 sbullb，以此类推。用户空间可接着添加分区号，它们在第 2 个设备上的分区可能是/dev/sbull3。

6.3.3 块设备的操作

1. open 和 release 方法

sbull_open 方法要做的第一件事情，就是从 block_device 结构体中获取到 sbull 块设备的内部数据结构 sbull_dev 的指针 dev，如下所示：

```
static int sbull_open(struct block_device *bdev, fmode_t mode)
{
    struct sbull_dev *dev = bdev->bd_disk->private_data;
    del_timer_sync(&dev->timer);
    spin_lock(&dev->lock);
    if (! dev->users)
        check_disk_change(bdev);
    dev->users++;
    spin_unlock(&dev->lock);
    return 0;
}
```

一旦 sbull_open 获取到了设备结构指针 dev，它将尝试通过调用 del_timer_sync 去掉介质移出定时器。

注：在删除定时器之前没有对设备自旋锁加锁。这是因为，如果定时器函数在可删除它之前运行，反过来做就会有死锁。

在设备加锁下，调用内核函数 check_disk_change( )来检查是否已发生一个介质改变。最后递增用户计数并且返回。

sbull_release 方法同样首先需要获取到 sbull 块设备的内部数据结构 sbull_dev 的指针 dev，然后递减用户计数。如果该设备被用户使用了，则启动介质移出定时器，如下所示：

```
static int sbull_release(struct gendisk *bd_disk, fmode_t mode)
{
    struct sbull_dev *dev = bd_disk->private_data;

    spin_lock(&dev->lock);
    dev->users--;

    if (!dev->users) {
        dev->timer.expires = jiffies + INVALIDATE_DELAY;
        add_timer(&dev->timer);
```

```
    }
    spin_unlock(&dev->lock);

    return 0;
}
```

注：jiffies 变量记录了自系统启动以来，系统定时器已经触发的次数。

在一个真实硬件设备的驱动中，open 和 release 方法应当相应地设置驱动和硬件的状态。这些工作可能包括启/停磁盘、加锁一个可移出设备的舱门、分配 DMA 缓冲等。有一些操作可导致一个块设备从用户空间直接打开，这些操作包括给一个磁盘分区，在一个分区上建立一个文件系统，或者运行一个文件系统检查器。当加载一个分区时，块驱动也可看到一个 open 调用。在这种情况下，在用户空间没有任何一个进程持有该设备打开的文件描述符，打开的文件被内核自身持有。此时，块驱动并不知道一个加载操作(从内核空间打开设备)和调用如 mkfs 工具(从用户空间打开设备)之间的差别。

2．支持可弹出的介质

check_disk_change 方法将调用 media_changed 方法来检查介质是否已经被改变。如果已经发生改变，则它返回一个非零值。在 sbull 块设备驱动中，sbull_media_changed 方法的实现是通过查询一个已被设置的标志进行的，如下所示：

```
int sbull_media_changed(struct gendisk *gd)
{
    struct sbull_dev *dev = gd->private_data;

    return dev->media_change;
}
```

revalidate 方法在介质改变后被调用，其工作内容是为了保证在新介质可用时能对其进行操作。在调用 revalidate 之后，内核试图重新读分区表并且启动这个设备。在 sbull 块设备驱动中，sbull_revalidate 方法的实现仅仅是复位 media_change 标志并且清零设备内存来模拟一个空盘插入，如下所示：

```
int sbull_revalidate(struct gendisk *gd)
{
    struct sbull_dev *dev = gd->private_data;

    if (dev->media_change) {
        dev->media_change = 0;
        memset (dev->data, 0, dev->size);
    }
    return 0;
}
```

3. getgeo 方法

内核不关心一个块设备的排列，只把它看作一个扇区的线性数组。但是，有某些用户工具仍然希望能够查询一个磁盘的排列。例如，fdisk 工具依靠柱面信息对磁盘分区表进行编辑。此时，如果磁盘设备不能提供该信息，则 fdisk 工具将不能正常工作。在 sbull 块设备驱动中，sbull_getgeo 函数根据驱动器的几何信息填充一个 hd_geometry 结构体，hd_geometry 结构体包含磁头、扇区、柱面等信息，如下所示：

```
static int sbull_getgeo(struct block_device *bdev, struct hd_geometry *geo)
{
    unsigned long size;
    struct sbull_dev *pdev = bdev->bd_disk->private_data;

    size = pdev->size;
    geo->cylinders = (size & ~0x3f) >> 6;
    geo->heads     = 4;
    geo->sectors = 16;
    geo->start = 0;
    return 0;
}
```

4. ioctl 方法

块设备可提供一个 ioctl 方法来进行设备控制，但实际上，一个现代的块设备驱动根本不必实现许多的 ioctl 命令。

在 sbull 块设备驱动中，sbull_ioctl 方法直接返回 0，不做任何操作，如下所示：

```
int sbull_ioctl (struct block_device *bdev, fmode_t mode,
                        unsigned int cmd, unsigned long arg)
{
        return 0;
}
```

6.3.4 请求处理

每个块驱动的核心是它的请求函数，这个函数是真正进行工作或开始工作的地方，这也正是为什么很少用 ioctl 方法操作的原因。

1. 对请求方法的介绍

块驱动的请求方法有下面的原型：

```
void request(request_queue_t *queue);
```

当内核认为块设备驱动需要处理设备的读、写或者其他操作请求时，该方法被调用。请求函数在返回之前，设备驱动不需要处理完请求队列中的所有请求。实际上，大部分真实设备可能并没有处理完成队列中的任何一个请求，就直接让请求函数返回，但是设备驱动必须保证这些请求最终被驱动全部处理。

请求函数的启动通常与用户空间进程之间是完全异步的，因此，驱动需要了解的所有关于请求的信息，都包含在通过请求队列传递给驱动的结构中。

每个设备都有一个请求队列，sbull 通过如下方法创建它的请求队列：

```
dev->queue = blk_init_queue(sbull_request, &dev->lock);
```

这样，当这个队列被创建时，请求函数和它关联到一起，而且还提供了一个自旋锁。

2. 一个简单的 request 方法

sbull 块设备驱动提供了几个不同的请求处理方法，缺省情况下，sbull 使用一个 sbull_request 函数进行处理，如下所示：

```
static void sbull_request(struct request_queue *q)
{
    struct request *req;

    req = blk_fetch_request(q);
    while (req != NULL)
    {
        struct sbull_dev *dev = req->rq_disk->private_data;
        if (req->cmd_type != REQ_TYPE_FS)
        {
            printk (KERN_NOTICE "Skip non-fs request\n");
            __blk_end_request_all(req, -EIO);
            continue;
        }
        sbull_transfer(dev, blk_rq_pos(req), blk_rq_cur_sectors(req),
                req->buffer, rq_data_dir(req));
        if ( ! __blk_end_request_cur(req, 0) )
        {
            req = NULL;
        }
    }
}
```

req 是一个指向 struct request 结构的指针，表示一个要执行的块的 I/O 请求。

调用 blk_fetch_request 从队列的队首获取第一个未处理的请求，当没有请求要被处理时，这个函数返回 NULL。

注：blk_fetch_request 不从队列里去除请求，如果连续调用它两次，它两次都返回同一个请求结构。在这个简单的操作模式中，请求只在它们完成处理时被移出队列。

调用__blk_end_request_all 完成对请求的处理。如果成功则返回 0，失败则返回负数。

调用__blk_end_request_cur 完成当前请求块的处理，如果成功完成对当前请求的处理则返回 0，失败则返回负数。

一个块请求队列所包含的请求不仅仅是来自文件系统的请求，还可能包括供应商特定的、底层的诊断操作或者和特殊设备模式相关的指令。此时，可通过 req 请求结构体中命令 cmd 的类型来进行判断。如果不是 REQ_TYPE_FS 类型，则直接忽略并完成对请求的处理；如果是来自文件系统的请求，则调用 sbull_transfer 来真正移动数据。

下面给出了函数 sbull_transfer 的定义：

```
static void sbull_transfer(struct sbull_dev *dev, unsigned long sector,
        unsigned long nsect, char *buffer, int write)
{
    unsigned long offset = sector*KERNEL_SECTOR_SIZE;
    unsigned long nbytes = nsect*KERNEL_SECTOR_SIZE;

    if ((offset + nbytes) > dev->size)
    {
        printk(KERN_NOTICE "Beyond-end write (%ld %ld)\n", offset, nbytes);
        return;
    }
    if (write)
        memcpy(dev->data + offset, buffer, nbytes);
    else
        memcpy(buffer, dev->data + offset, nbytes);
}
```

在上文对 sbull_request( )函数的定义中，通过如下语句对 sbull_transfer 函数进行调用：

```
sbull_transfer(dev, blk_rq_pos(req), blk_rq_cur_sectors(req),
    req->buffer, rq_data_dir(req));
```

下面给出 sbull_transfer 函数的参数说明：

blk_rq_pos(req)用来获取本次文件系统请求对应物理设备上的起始扇区索引，定义为无符号长整型，如下所示：

```
unsigned long sector;
```

在 Linux 系统中，每个扇区是用 512 字节来表示的。此处起始扇区的索引值是以扇区为单位的。如果硬件设备中使用一个不同的扇区大小，驱动程序需要相应地调整扇区计数。例如，如果硬件中每个扇区是 2048 字节，则在安放它到相应硬件设备请求前，驱动程序需要用 4 来除起始扇区号。

blk_rq_cur_sectors(req)用来获取该请求要被传送的扇区的数目，定义为无符号长整型，如下所示：

```
unsigned long nsect;
```

req->buffer 得到一个指向缓存区的指针，内核和硬件设备间交换的数据需要放到该缓存区缓冲，这个指针是一个内核虚拟地址，并且可被驱动器程序直接引用。如下所示：

```
char *buffer;
```

rq_data_dir(struct request *req)这个宏从请求中读取数据的传送方向：0 表示从设备中读，非 0 表示写入设备，即可定义为整型变量，如下所示：

```
int write;
```

基于上述信息，sbull 驱动程序可使用一个简单的 memcpy 调用来实现数据传送，使用这段代码，sbull 实现了一个完整的、简单的、基于 RAM(内存)的磁盘设备。但是，实际块设备所需要的请求处理工作还有很多，因此它并不是一个实际的驱动程序。

6.3.5　编译并安装设备

如下是块设备 sbull 的 Makefile 文件，运行 make 编译内核模块。

```
ifneq ($(KERNELRELEASE), )
obj-m += sbull.o
else
PWD    := $(shell pwd)
KVER ?= $(shell uname -r)
KDIR := /usr/src/kernels/$(KVER)
all:
    @$(MAKE) -C $(KDIR) M = $(PWD)
clean:
    @rm -rf .*.cmd *.o *.mod.c *.ko *.symvers *.ko.unsigned *.order
endif
```

输出如下结果：

```
[root@localhost sbull]# make
make[1]: Entering directory `/usr/src/kernels/2.6.32-431.el6.x86_64'
    LD      /root/os/os-expr-rhel6_x64/DeviceManagement/sbull/built-in.o
    CC [M]  /root/os/os-expr-rhel6_x64/DeviceManagement/sbull/sbull.o
    Building modules, stage 2.
    MODPOST 1 modules
    CC      /root/os/os-expr-rhel6_x64/DeviceManagement/sbull/sbull.mod.o
    LD [M]  /root/os/os-expr-rhel6_x64/DeviceManagement/sbull/sbull.ko.unsigned
    NO SIGN [M] /root/os/os-expr-rhel6_x64/DeviceManagement/sbull/sbull.ko
make[1]: Leaving directory `/usr/src/kernels/2.6.32-431.el6.x86_64'
```

6.3.6 测试块设备

1. 安装模块

如果编译没有问题，可以运行如下命令装载模块：

```
[root@localhost sbull]# insmod sbull.ko
```

如果装载成功，命令 dmesg 将输出如下类似信息：

```
sbulla: unknown partition table
```

运行 lsmod |head 命令，可以查看到如下模块信息：

```
[root@localhost sbull]# lsmod |head
Module              Size     Used by
sbull               4286     0
testmodule          1143     0
uvcvideo            62688    0
videodev            75708    1 uvcvideo
v4l2_compat_ioctl32 7110     1 videodev
i2c_core            31084    1 videodev
nls_utf8            1455     2
fuse                73530    0
8021q               25349    0
```

此时，sbull 模块的使用计数为 0，说明未被使用。

运行 cat /proc/devices |tail 命令可以发现 sbull 设备，如下所示：

```
[root@localhost sbull]# cat /proc/devices |tail
129 sd
130 sd
131 sd
132 sd
133 sd
134 sd
135 sd
252 sbull
253 device-mapper
254 mdp
```

运行 ll /dev/sbulla，可以在 /dev 目录下看到一个名称为 sbulla 的文件，该设备文件的类型是一个块设备。如下所示：

```
[root@localhost sbull]# ll /dev/sbulla
brw-rw----. 1 root disk 252, 0 9 月    16 22:21 /dev/sbulla
```

2．验证块设备

为了验证块设备的正确性，首先可以查看 sbull 设备的信息，如下所示：

```
[root@localhost sbull]# fdisk -l /dev/sbulla

Disk /dev/sbulla: 13 MB, 13107200 bytes
4 heads, 16 sectors/track, 400 cylinders
Units = cylinders of 64 * 512 = 32768 bytes
Sector size (logical/physical): 512 bytes / 512 bytes
I/O size (minimum/optimal): 512 bytes / 512 bytes
Disk identifier: 0x0000000a
```

运行命令 mkfs.ext4 /dev/sbulla 格式化该设备，系统有如下类似输出：

```
[root@localhost sbull]# mkfs.ext4 /dev/sbulla
mke2fs 1.41.12 (17-May-2010)
文件系统标签 =
操作系统:Linux
块大小  = 1024 (log = 0)
分块大小  = 1024 (log = 0)
Stride = 0 blocks, Stripe width = 0 blocks
3200 inodes, 12800 blocks
640 blocks (5.00%) reserved for the super user
第一个数据块 = 1
Maximum filesystem blocks = 13107200
2 block groups
8192 blocks per group, 8192 fragments per group
1600 inodes per group
Superblock backups stored on blocks:
    8193

正在写入 inode 表: 完成
Creating journal (1024 blocks): 完成
Writing superblocks and filesystem accounting information: 完成

This filesystem will be automatically checked every 33 mounts or
180 days, whichever comes first.   Use tune2fs -c or -i to override.
```

创建挂载点并尝试挂载该设备，如下所示：

```
[root@localhost sbull]# mkdir /mnt/sbull
[root@localhost sbull]# mount /dev/sbulla /mnt/sbull/
```

运行 mount 命令查看系统已经加载的分区信息，可以查看到包含 "/dev/sbulla" 这一行的内容，如下所示：

```
[root@localhost sbull]# mount
/dev/sda2 on / type ext4 (rw)
proc on /proc type proc (rw)
sysfs on /sys type sysfs (rw)
devpts on /dev/pts type devpts (rw, gid = 5, mode = 620)
tmpfs on /dev/shm type tmpfs (rw, rootcontext = "system_u:object_r:tmpfs_t:s0")
/dev/sda1 on /boot type ext4 (rw)
/dev/sda5 on /home type ext4 (rw)
none on /proc/sys/fs/binfmt_misc type binfmt_misc (rw)
Home on /media/psf/Home type prl_fs (rw, nosuid, nodev, sync, noatime, share, context = "system_u:object_
r:removable_t:s0")
Host on /media/psf/Host type prl_fs (rw, nosuid, nodev, sync, noatime, share, context = "system_u:object_
r:removable_t:s0")
/dev/sr0 on /media/CDROM type iso9660 (ro, nosuid, nodev, uhelper = udisks, uid = 500, gid = 500, iocharset =
utf8, mode = 0400, dmode = 0500)
/dev/sr1 on /media/RHEL_6.5 x86_64 Disc 1 type iso9660 (ro, nosuid, nodev, uhelper = udisks, uid = 500, gid =
500, iocharset = utf8, mode = 0400, dmode = 0500)
/dev/sbulla on /mnt/sbull type ext4 (rw)
```

进入目录/mnt/sbull，并尝试创建一个文件，如下所示：

```
[root@localhost sbull]# cd /mnt/sbull/
[root@localhost sbull]# ls
lost+found
[root@localhost sbull]# touch test_sbull.txt
[root@localhost sbull]# ls
lost+found    test_sbull.txt
```

可见，设备 sbulla 可以作为一个块设备被使用。再次运行命令 lsmod |head，如下所示：

```
[root@localhost sbull]# lsmod |head
```

Module	Size	Used by
sbull	4286	1
testmodule	1143	0
uvcvideo	62688	0
videodev	75708	1 uvcvideo
v4l2_compat_ioctl32	7110	1 videodev
i2c_core	31084	1 videodev
nls_utf8	1455	2
fuse	73530	0
8021q	25349	0

发现此时 sbull 设备的使用计数为 1，说明已经被使用。

习题

1. 试分析 Linux 中的虚拟文件系统 VFS 与用户空间访问的文件系统(如 Ext4、NTFS)有何区别。

2. 将一个 NTFS 格式的磁盘挂载到/mnt/win 目录下，请思考在访问 /mnt/win/a.txt 文件过程中，从文件系统路径、加载磁盘驱动程序、定位物理磁盘的磁道和扇区这一系列复杂的过程中到底经历了什么过程。

3. 试分析 Linux 操作系统内核如何实现自旋锁，特别是在多核处理器，甚至是在多处理器的情况下。

4. 分析 2.6.36 版本之后的 Linux 内核中对于结构体 file_operations 中 ioctl 函数的变化。

下篇

Linux 编程实战之并行编程实战

"并行"一词往往和高性能计算联系在一起。曾经，高性能并行计算远离普罗大众，是比较偏门的领域，而如今，随着多核处理器、GPU 通用计算和云计算系统的广泛应用，高性能并行计算已不再被束之高阁，成为有效利用计算资源的重要因素。特别是近几年学术界和工业界掀起的大数据和人工智能热潮，更给予了高性能并行计算崭露头角的机会。高性能并行计算涉及硬件架构、算法思想、程序设计等方方面面，是一个庞大的系统。由于本书是一本实战教材，本篇定位于基于 Linux 系统的并行程序设计入门，因此将牢牢围绕"实战"这个主题，通过一个个由浅入深的例子，引领大家进入并行计算的世界。

本篇由第七章到第十一章，共五章组成。第七章对并行程序设计做了一个概要介绍，使读者对并行计算、并行程序设计以及并行计算前沿技术有一个基本认识；第八章和第九章围绕基于共享变量(共享内存)的编程模型进行讲解，使读者掌握通过 OpenMP 进行并行程序设计的基本方法；第十章和第十一章围绕基于消息传递(分布式内存)的编程模型进行讲解，使读者掌握通过 MPI(OpenMPI 或 MPICH)进行并行程序设计的基本方法。

第 7 章　并行计算与并行程序设计

本章将简单介绍并行程序设计中的一些基本概念、问题、思路以及前沿技术，让读者对整个并行程序设计有一个整体认识，为后续的学习作好铺垫。

7.1　并行计算简介

并行计算是并行程序设计的目的。那什么是并行计算？为什么需要并行计算？

陈国良教授在《并行计算——结构·算法·编程》(高等教育出版社)一书中说，"并行计算就是在并行计算机或分布式计算机(包括网络计算机)等高性能计算系统上所做的超级计算"。笔者认为，简单来说，并行计算就是将任务分配到多个计算资源上同时进行计算。

现代并行计算的需求越来越广泛和迫切，最大的原因就是硬件性能的提升速度跟不上计算任务量的增长，具体来讲，有如下两方面的因素：

首先就是由于硬件"功耗墙"问题。过去大家解决"性能提升"问题的方法就是简单粗暴地依赖摩尔定律，从 1986 年到 2002 年，微处理器的性能以平均每年 50% 的速度不断提升，然而从 2003 年起，这个速度就逐年下降。目前由于存在硬件功耗、散热、稳定性等问题，依靠单纯提升单核处理器频率来提高性能的办法已经行不通了，所以就出现了很多硬件结构上的并行，如多核、众核、分布式、集群、云等。

其次是因为我们的应用范围在增大、数据处理量在增加、考虑的问题也在持续地增加。例如基因解码、精准医疗、气候模拟、军事安全、地质勘探、人工智能等，这些都需要以更加强大的计算能力为基础。

这两方面的矛盾促使人们迫切需要通过用一种与"单纯依赖硬件的升级来提高性能"不同的方式来提高系统的计算能力，"并行"就是目前最切实可行的解决方案。

并行计算通过对任务的分解，使其在多个计算资源上同时运算，让程序运行得更快，同时也让程序能够处理更大规模的数据。并行计算的作用就是要尽量发挥硬件的全部计算能力，加快计算任务的完成，提高处理任务(或数据)的吞吐量。

7.2　串行程序与并行程序

并行程序设计方式和目前通行的串行程序设计方式并不相同，它要求程序设计者显示编写的代码能处理多数据、多控制流之间的依赖关系，这使得并行程序设计和开发难度远远超过串行程序，两者之间具体差别如下：

(1) 串行程序经过长期的实践，有稳定、通用的算法规范，可以较好地指导用户设计算法；并行算法至今尚不能被很好地理解和广泛接受。

(2) 串行程序符合面向对象的设计思想；并行程序则在本质上与此冲突。

(3) 串行程序积累了很多有用代码，是拥有者的巨大财富，开发、维护和使用者都熟悉和习惯这套体系和逻辑；并行程序则缺少这些积累，如果要并行化这些串行代码，面临的挑战和阻力是十分巨大的。

(4) 串行程序的设计工具是通用和稳定的；并行程序设计的工具往往依赖于具体的并行结构和软、硬件平台，既不通用也不稳定。

(5) 串行代码的可读性一般强于并行代码，因此，并行程序设计在程序的可维护性上也比串行程序差。

(6) 并行程序的通用性一般会差于串行程序。为了最大限度提高并行程序的性能，一般并行程序的设计都会与具体的硬件、语言、编译器、系统等形成紧耦合，所以通用性较差。

(7) 并行程序的任务/数据划分、并发访问控制以及与硬件的交互等方面都是程序设计的难点。

(8) 并行程序任务间通信代价高昂，即使是共享内存的计算机系统也是如此。

(9) 并行计算领域的研究人员以及从业人员稀少。

7.3 并行程序设计简介

并行可以分为两类：任务并行和数据并行。以生活中的并行为例，比如在烹饪中餐这个需要解决的问题中，煮米饭和炒菜是两个任务，用电饭煲煮米饭和用铁锅炒菜同时进行就是任务并行；又比如在教师批改一门课程试卷的工作中，试卷就是要处理的数据，如果教师找来几位助教，每位助教分得一部分学生试卷进行批改，这就是数据并行。

一个任务并行算法的实现经常可以有多种方案，不同方案之间的性能可能相差很大，如何设计一个性能较好的并行程序往往体现了程序开发者的能力。一个好的并行程序设计一般具有以下特点：

- 程序的热点被并行化；
- 可扩展性好；
- 易于实现。

并行程序设计通常涉及如下几个部分：划分、通信、结果归并和负载均衡。一般的设计思路是将任务或数据划分为多个部分，让各部分分配到各个计算单元中，使每个计算单元所获得的任务量(或数据量)大致相同，并尽量减小相互之间的通信量，同时还需要对计算单元之间的同步进行细致处理。具体来讲，包括以下几点：

(1) 划分是将任务或数据分成多个部分，以便于多控制流的同时处理。划分包括任务和数据两种对象，两者分别对应着任务并行和数据并行。这一步的关键在于识别出可以并行执行的任务和数据。

(2) 并行程序在执行过程中，各部分之间为了信息交换和协同工作，必然要相互通信。通信是并行程序相对于串行程序额外引入的消耗，在并行程序设计时需要做好优化来减少这种消耗，以提高并行效率。这一步的关键在于确定上一步识别出来的任务(或数据)之间需要执行哪些通信。

(3) 结果归并。通常并行计算会存在一个数据本地化的过程，即数据划分，最后需要将各个划分的本地化结果进行归并处理，得到程序的最终结果。例如，对数组求和先由各个处理器求得部分和，最后需要将每个处理器的结果汇总求和，才能得到最终的结果。

(4) 负载均衡是指通过调整任务和数据在各个计算单元上的分配，充分发挥每个计算单元的计算能力。也就是说，让每个计算单元几乎同时结束计算。负载均衡主要有静态负载均衡和动态负载均衡两种方式。前者在程序运行前就将任务和数据分割为多块，并保证能够比较均匀地分配给各个计算单元，一般用在各个任务和数据处理时间近似相等的情况中；后者在程序运行过程中重新调整任务和数据的分配，一般用在各部分处理时间差异较大的情况中。

7.4 并行计算前沿技术简介

前面三节对并行计算进行了一些简单介绍，本节将对并行计算领域的一些前沿技术作一简要介绍，以此拓展读者的知识面，为读者进一步学习提供一些参考。

1. CUDA 与 GPU 通用编程

GPU 就是图形处理器，在过去很长一段时间内都仅仅被用于图形、图像的处理与显示，俗称显卡。直到 2000 年后，少数人尝试使用 GPU 来进行科学计算，才慢慢挖掘出 GPU 强大的并行计算能力。然而，由于当时并没有针对通用计算的框架，编程比较困难，因此也就未能得到有力的推广。直到英伟达(Nvidia)公司在 2006 年推出并行编程框架 CUDA 用以支持旗下 GPU 的通用编程(General Purpose GPU，GPGPU)，使 GPU 编程有了类似于常用程序设计语言的使用方式之后，通用 GPU 编程才迅速地火热起来。GPU 通用编程的火热激活了机器学习的应用，同时也使另一大显卡公司——AMD 参与进来，推出了自己的 GPU 通用编程实现 ROCm，可以直接转换部分 CUDA 编译代码。由于英伟达的 CUDA 推出的较早，迅速占领了通用计算市场，所以当前全球很多机器学习框架都支持 CUDA 加速，比如 Tensor Flow、Torch、Caffe、Theano 等。

GPU 与 CPU 相比有天然的并行优势，它内部集成了成百上千的核，可以用于并行计算。当然，这种核单个来看功能简单、性能低，与 CPU 中的内核不在一个水平线上。但是 GPU 这种内核却十分适合数据的并行处理，而科学计算中有大量的矩阵运算正好可以通过这种方式加速，并且在相同的计算能力下，GPU 的能耗也要低一些。说到 CPU 就不能不提到 Intel 公司，其实 Intel 也有自己的高性能计算芯片，就是基于 MIC 架构的众核产品。

2. Intel MIC

Intel MIC 架构是英特尔公司专为高性能计算(HPC)设计的、基于英特尔至强处理器和英特尔集成众核的下一代平台。相比通用的多核至强处理器，处理复杂的并行应用是 MIC 众核架构的优势。

MIC 架构产品能够支持现有的标准化编程工具和手段，大大方便了开发人员。熟悉的编程模块为开发人员扫除了技术障碍，有助于开发人员专注在问题本身而非软件工程方面。

MIC 架构在单个 CPU 芯片中融合了众多核心，这些核心都能够通过使用标准的 C、C++ 和 FROTRAN 源代码进行编程，而为 MIC 编写的这些源代码同样可以应用和运行在标准的至强处理器平台之上。

目前，MIC 的最新产品是 KNL，它是 Intel 第二代 MIC 架构 Xeon Phi 融合处理器 Knights Landing 的缩写，是 Intel 首款专门针对高度并行工作负载而设计的可独立自启动的主处理器，首次实现了内存与高速互联技术的集成。相比于上一代 Knights Corner(KNC) 众核协处理器，KNL 能够提供独立自启动的 Bootable 形态，从而消除对 PCI-E 总线的依赖性，实现更高效的扩展。KNL 单颗芯片最大支持 72 个 CPU 物理核心，16 GB 片上高速内存，384 GB DDR4 系统内存，单 CPU 的双精度浮点峰值在 3TFlops 以上，还将支持 Intel 100 Gb/s Omni-Path 高速网络集成，可以为高并行负载应用提供强大的性能支持。

Intel 的 MIC 系列虽然总的核数少于 NVIDIA 的 GPU，但是每颗核的性能更强，缓存容量也更大。另外一方面，基于 MIC 的编程在通用性和便利性上也要强于 GPU。

3. OpenACC

尽管 GPU 厂商推出了通用的编程框架，但以此来编写代码还是需要很大的学习成本，而 OpenACC 的出现在一定程度上解决了这个问题。

OpenACC 编译器依据 C/C++/Fortran 编写的编译制导语句，将并行区域的代码翻译成另外一种语言表示，如 CUDA、OpenCL 等。简而言之，OpenACC 指令与 OpenMP 指令的工作方式很类似，但前者特别适用于数据并行代码。编译器会特别注意数据在 CPU 和 GPU(或其他器件)之间来回转移的逻辑关系，并将计算映射到适当的处理器上。

开发人员可以在现有的或者新的代码上作相对小的改动以标示出加速并行区域。由于指令设计适用于一个通用并行处理器，这样相同的代码就可以运行在多核 CPU、GPU 或任何编译器支持的其他类型的并行硬件上。

4. OpenCL

OpenCL(Open Computing Language，开放计算语言) 是一个面向异构平台并行编程的开放标准，也是一个编程框架，由非盈利性技术组织 Khronos Group 维护。OpenCL 最大的优势在于支持不同类型的处理器，如多核 CPU、GPU、FPGA 等，同时也得到众多厂商的支持，如 NVIDIA、AMD、ARM、Qualcomm、Altera 和 Intel 等。

OpenCL 由两部分组成：一是用于编写 kernels (在 OpenCL 设备上运行的函数) 的语言(基于 C99 做了非常小的扩展)；二是一组用于定义并控制平台的 API。OpenCL 提供了基于任务分割和数据分割的并行计算机制。

由于各个平台的软、硬件环境不同，要提高兼容性，一般都会牺牲部分性能，所以在平台专有框架(如 CUDA)和 OpenCL 之间做出选择时也需要具体问题具体对待。

5. Hadoop

这个名词读者可能会在与大数据相关的书籍和新闻中看到的更多，有兴趣的读者可以去阅读相关书籍。如果从并行角度去看，Hadoop 也可以算作是一种分布式并行计算模型。

第 8 章　OpenMP 程序设计基础

OpenMP 是共享内存体系上的一种编程模型，本章讲述 OpenMP 并行程序设计所需要的基础知识和方法，包括 OpenMP 概述、编译制导语句、运行库例程和环境变量等。通过本章的学习，读者可以掌握 OpenMP 最基本的语句，完成简单的并行程序的编写、编译和运行。

8.1　OpenMP 概述

OpenMP 是 Open Multi-Processing 的简称，MP 代表"多处理"，是一个基于共享内存体系的并行编程模型。OpenMP 标准规范公布于 1997—1998 年，支持 C、C++ 和 Fortran。OpenMP 包括以下三部分：一套编译制导指令(编译器伪指令)、一套运行时的函数库以及一些环境变量。所有的 OpenMP 并行化都是通过将编译制导语句嵌入到 C/C++/Fortran 源代码中来实现的。

所谓的编译制导语句就是用户通过使用特定格式的语句，让系统对代码进行自动并行化。当告诉编译器忽略这些制导语句时，程序将退化为串行程序，代码仍然正常运行。关于 OpenMP 的更多详细信息有兴趣的读者可以访问其官方网站 http://www.openmp.org。

1. 优点与不足

基于编译制导的 OpenMP 应用编程接口(Application Programming Interface, API)具有简洁实用、使用方便、移植性好和可扩展等优点，已被大多数计算机软、硬件厂商所接受，成为事实上的标准。由于 OpenMP 被设计成可以用来对已有串行程序进行增量式并行化，所以通过 OpenMP 对源代码进行少量改动就可以并行化许多串行程序，降低了并行编程的难度和复杂度，使程序设计者可以把精力集中到并行算法本身，而不是具体实现细节。

OpenMP 也有一些不足：第一，作为高层抽象，不太适合对复杂线程间同步、互斥作精密控制的场景，此时可以考虑使用 Pthreads；第二，不能很好地在分布式内存体系(如集群)上使用，此时可以考虑使用 MPI，当然也可以使用 OpenMP 和 MPI 混合编程。

2. OpenMP 执行模型

OpenMP 使用 Fork-Join 并行执行模型，如图 8-1 所示。OpenMP 开始执行的时候是单线程的，这个线程称为主线程(Master Thread)，主线程会一直串行执行，直到遇到第一个并行编译制导指令调用才开始并行执行。由主线程产生多个子线程(Fork)，然后并行代码块在不同的线程中(包括主线程和子线程)并行执行。当各个线程在并行代码块中执行结束之后，子线程被收回(Join)，只有主线程继续向前执行。

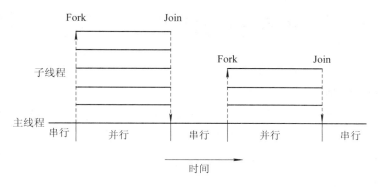

图 8-1　OpenMP 并行执行模型

3. OpenMP 程序的设计环境

本篇的实战环境为 ubuntu 16.04 LTS,这是目前使用较为广泛、对硬件支持较好的 Linux 发行版。

由于 OpenMP 可以嵌入 C、C++和 Fortran 等语言中去, 所以在不同的环境中, OpenMP 程序会有一些不同。本篇默认是在 C 语言的基础上介绍 OpenMP 以及 MPI 的并行程序设计。

编写和运行基于 OpenMP 的 C 代码之前,需要在计算机上安装支持 OpenMP 的编译器, 目前支持 OpenMP 的编译器包括 gcc、icc 和 vc 等, 在 Linux 环境下选择 gcc 编译器。打开一个终端(在 ubuntu 下可以用快捷键 Ctrl + Alt + T 打开), 在 Shell 环境下键入:

```
gcc –version
```

会得到 gcc 的版本显示，如图 8-2 所示:

```
vito@ubuntu: ~
vito@ubuntu:~$ gcc --version
gcc (Ubuntu 5.4.0-6ubuntu1~16.04.4) 5.4.0 20160609
Copyright (C) 2015 Free Software Foundation, Inc.
This is free software; see the source for copying conditions.  There is NO
warranty; not even for MERCHANTABILITY or FITNESS FOR A PARTICULAR PURPOSE.
```

图 8-2　gcc 版本信息

这里 gcc 的版本是 5.4, 一般来说, gcc4.2 及以上版本默认支持 OpenMP。下面给出 gcc 的不同版本对 OpenMP 版本的支持情况, 如表 8-1 所示。

表 8-1　gcc 与 OpenMP 版本对照

GCC 版本	OpenMP 版本	OpenMP 版本特性
4.2	2.5	http://www.openmp.org/wp-content/uploads/spec25.pdf
4.4	3.0	http://www.openmp.org/wp-content/uploads/spec30.pdf
4.7	3.1	http://www.openmp.org/wp-content/uploads/spec3.1.pdf
4.9	4.0	http://www.openmp.org/wp-content/uploads/spec4.0.0.pdf

8.2　一个基于 OpenMP 的并行程序

下面通过一个 OpenMP 实例来了解一下 OpenMP 程序的具体结构。

1．串行程序 hello

学过 C 语言，或者说学过任何一门编程语言的读者或许对"Hello World"这一例子记忆犹新，因为其十分简单，一般都作为语言学习的第一个例子。这里同样先介绍一例稍许不同的、带有输入参数的 hello 串行程序，用以和后续 OpenMP 并行化作对照，具体如程序 8-1 所示。

程序 8-1

```
#include <stdio.h>
#include <stdlib.h>

int main(int argc, char* argv[]) {
    int num_t = strtol(argv[1], NULL, 10);
    printf("The serial program says hello to you with input %d!\n", num_t);
    return 0;
}
```

程序用 gcc 编译，命令如下：

```
gcc -g -Wall hello.c -o hello
```

运行及结果如图 8-3 所示，其中数字 4 是输入参数。

```
vito@ubuntu:~/workspace/coursepp/ch2$ gcc -g -Wall hello.c -o hello
vito@ubuntu:~/workspace/coursepp/ch2$ ./hello 4
The serial program says hello to you with input 4!
vito@ubuntu:~/workspace/coursepp/ch2$
```

图 8-3　程序 8-1 的运行及结果

2．并行程序 mp-hello

有了基本环境和前面的串行程序，就可以正式介绍并行编程了。在终端打开 vi(或者其他文本编辑器/IDE 编辑器)，输入如下代码，保存为 mp-hello.c，具体代码如程序 8-2 所示。

程序 8-2

```
#include <stdio.h>
#include <stdlib.h>
#include <omp.h>

int main(int argc, char* argv[]) {
```

```
        int num_t = strtol(argv[1], NULL, 10);

#     pragma omp parallel num_threads(num_t)
{
        int rank_t = omp_get_thread_num();
        printf("Thread %d says hello to you!\n", rank_t);
}


        return 0;
}
```

下面以此为例,具体讲解 OpenMP 程序的基本构成。

1) 头文件

OpenMP 程序需要加入<omp.h>头文件。

2) 编译制导语句

编译制导语句是 OpenMP 程序的关键,也是其与串行程序最大的不同。如程序 8-2 中的编译制导语句:

```
#     pragma omp parallel num_threads(num_t)
```

编译制导语句的一般格式如下:

```
#pragma omp directive [clause[clause] ... ]
{
        ...
}
```

其具体解释如表 8-2 所示。

表 8-2 编译制导语句格式的解释

语句格式	解　释	例　子
#pragma omp	制导指令前缀,对所有的 OpenMP 语句都一样	程序 8-2 中编译制导语句里的 #pragma omp
directive	OpenMP 制导指令(有些翻译为伪指令、导语等)	程序 8-2 中编译制导语句里的 parallel
[clause[clause] ...]	可选子句,能以任意次序出现,可以重复	程序 8-2 中编译制导语句里的 num_threads

3) 作用域(并行域)

编译制导语句的作用域是指能被多个线程并行执行的程序块,也称为并行域。并行域是 OpenMP 最基本的并行结构,它是一条 C 语句或者只有一个入口和一个出口的复合 C 语句。简单来说,可以是紧邻制导语句的下一行语句(或者函数调用),也可以是用大括号括起来的复合语句。需要注意的是，pragma 的默认长度是一行，如果一个 pragma 语句在一行中放不下，在新行前需要加一个反斜杠(\)。

4) 运行时函数库

OpenMp 定义了一套 API(Application Programming Interface)来对外提供多种函数库调用，如查询线程数量、查询处理器的数量、设置使用的线程数、取得当前线程编号(如程序 8-2 中的 omp_get_thread_num 函数)等。

5) 环境变量

OpenMP 环境变量制定了某些影响 OpenMP 运行时行为的配置。由于每台机器的配置不一样，所以在实际编程中使用较少。

3. OpenMP 的编译及运行

采用 gcc(gcc 版本选择请参考表 8-1 中 gcc 与 OpenMP 版本对照)来进行 OpenMP 的程序编译，需要包含-fopenmp 选项。例如，程序 8-2 采用如下命令进行编译：

```
gcc -g -Wall -fopenmp mp-hello.c -o mp-hello
```

此命令和程序 8-1 中编译命令的区别在于多了一个参数-fopenmp，其他均是标准编译参数。

运行程序 8-2 时，需要在命令行给出明确的线程个数。如希望有四个线程运行，则输入如下代码：

```
./mp-hello 4
```

运行及结果如图 8-4(a)所示。需要指出的是，线程存在对标准输出的竞争访问，所以不保证输出会按照线程 ID 的顺序出现，下一次运行可能出现的结果如图 8-4(b)所示。

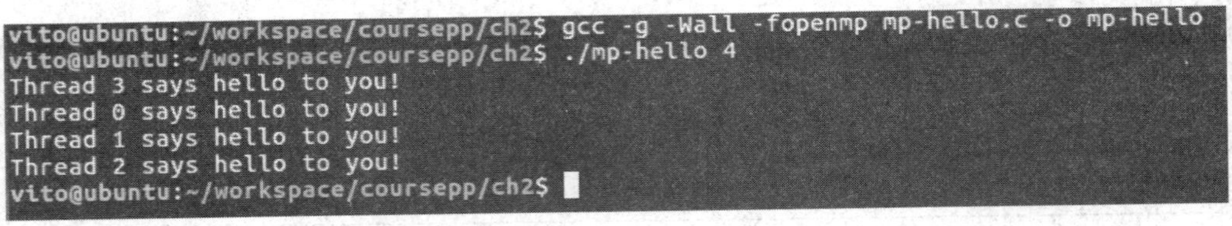

(a) 第一次运行的结果

(b) 第二次运行的结果

图 8-4　四线程运行 OpenMP 程序的结果

如果只想用一个线程运行程序，则输入如下代码：

```
./mp-hello 1
```

结果如图 8-5 所示。

图 8-5　单线程运行 OpenMP 程序的结果

8.3　OenpMP 兼容性检查

并不是所有编译器都支持 OpenMP，当编译器不支持时，它将忽略编译制导指令，如果试图包含头文件 omp.h 以及调用库函数都将引起错误。为了增加程序的容错能力，可以通过检查预处理宏_OPENMP 是否定义来进行条件编译。如果定义了_OPENMP，则包含 omp.h 并调用 OpenMP 库函数。对程序 8-2 做如下修改，生成程序 8-3。

程序 8-3

```
#include <stdio.h>
#include <stdlib.h>
#ifdef _OPENMP
#   include <omp.h>
#endif
/*-------------------------------------------------------------*/
/* main */
/*-------------------------------------------------------------*/
int main(int argc, char* argv[]) {
    int num_t = strtol(argv[1], NULL, 10);

#   pragma omp parallel num_threads(num_t)
{
#   ifdef _OPENMP
        int rank_t = omp_get_thread_num();
#   else
        int rank_t = 0;
#   endif
    printf("Thread %d says hello to you!\n", rank_t);
}

    return 0;
}
```

在程序 8-3 中，如果 OpenMP 无法使用，则 printf 将是单线程的，因此其 ID 为 0，程序将编译成一般的串行程序。

若编译时启动支持 OpenMP 的编译参数-fopenmp，运行结果如图 8-6 所示。

```
vito@ubuntu:~/workspace/coursepp/ch2$ gcc -g -Wall -fopenmp mp-hello-ifdef.c -o mp-hello-ifdef1
vito@ubuntu:~/workspace/coursepp/ch2$ ./mp-hello-ifdef1 4
Thread 2 says hello to you!
Thread 1 says hello to you!
Thread 0 says hello to you!
Thread 3 says hello to you!
vito@ubuntu:~/workspace/coursepp/ch2$
```

图 8-6 启用-fopenmp 选项的运行结果

若编译时不启动-fopenmp 参数，程序将如一般串行程序那样被编译运行，如图 8-7 所示。可以看到，程序忽略了 include<omp.h>和 int rank_t = omp_get_thread_num( )语句。

```
vito@ubuntu:~/workspace/coursepp/ch2$ gcc -g -Wall mp-hello-ifdef.c -o mp-hello-ifdef2
mp-hello-ifdef.c: In function 'main':
mp-hello-ifdef.c:24:0: warning: ignoring #pragma omp parallel [-Wunknown-pragmas]
 # pragma omp parallel num_threads(num_t)
 ^
mp-hello-ifdef.c:22:8: warning: unused variable 'num_t' [-Wunused-variable]
    int num_t = strtol(argv[1], NULL, 10);
        ^
vito@ubuntu:~/workspace/coursepp/ch2$ ./mp-hello-ifdef2 4
Thread 0 says hello to you!
vito@ubuntu:~/workspace/coursepp/ch2$
```

图 8-7 未启用-fopenmp 选项的运行结果

8.4 OpenMP 最常用的三个库函数简介

下面列出 OpenMP 常用的三个库函数和说明：

(1) int omp_get_num_threads(void); //获取当前线程组(team)的线程数量，如果不在并行区调用，返回 1。

(2) int omp_get_thread_num(void); //返回当前线程号。

(3) int omp_get_num_procs(void); //返回可用的处理核个数。

通过程序 8-4 来演示这三个常用的库函数。

程序 8-4

```
#include <stdio.h>
#include <stdlib.h>
#include <omp.h>
/*------------------------------------------------------------------*/
/* main */
```

```
/*----------------------------------------------------------------*/
int main(int argc, char* argv[]) {
    int num_t = strtol(argv[1], NULL, 10);

    printf("proc count %d \n", omp_get_num_procs());
    printf("thread count %d \n", omp_get_num_threads());
#   pragma omp parallel num_threads(num_t)
{
    printf("Thread %d says hello to you!\n", omp_get_thread_num());
    printf("thread count %d \n", omp_get_num_threads());
}

    printf("thread count %d \n", omp_get_num_threads());

    return 0;
}
```

运行结果如图 8-8 所示，请注意，程序中三个地方调用 omp_get_num_threads( )得到不同的结果，体会编译制导作用的效果。

```
vito@ubuntu:~/workspace/coursepp/ch2$ gcc -g -Wall -fopenmp mp-hello-fn.c -o mp-hello-fn
vito@ubuntu:~/workspace/coursepp/ch2$ ./mp-hello-fn 4
proc count 4
thread count 1
Thread 3 says hello to you!
thread count 4
Thread 0 says hello to you!
thread count 4
Thread 2 says hello to you!
thread count 4
Thread 1 says hello to you!
thread count 4
thread count 1
vito@ubuntu:~/workspace/coursepp/ch2$
```

图 8-8　OpenMP 库函数调用结果

8.5　parallel 语句

编译制导指令 parallel 用来构造一个并行区域，在这个区域中的代码会被多个线程(线程组)执行，在区域结束处有默认的同步(隐式路障)。可以在 parallel 构造区域内使用分支语句，通过 omp_get_thread_num 获得当前线程编号来指定不同线程执行区域内的不同代码。

首先从一个最常见的串行 for 循环语句开始，具体代码见程序 8-5。这是一个从 1 开始的累加程序，接收传入的参数作为累加的上限，用 for 循环实现。

程序 8-5

```c
#include <stdio.h>
#include <stdlib.h>
/*----------------------------------------------------------*/
/* main */
/*----------------------------------------------------------*/
int main(int argc, char* argv[]) {
    int max_num = strtol(argv[1], NULL, 10);

    int sum = 0;
    for (int i = 1; i <= max_num; i++)
        sum += i;
    printf("Sum %d\n", sum);

    return 0;
}
```

运行结果如图 8-9 所示。

```
vito@ubuntu:~/workspace/coursepp/ch2$ gcc -g -Wall -fopenmp mp-acc1.c -o mp-acc1
vito@ubuntu:~/workspace/coursepp/ch2$ ./mp-acc1 100
Sum 5050
vito@ubuntu:~/workspace/coursepp/ch2$ 
```

图 8-9 程序 8-5 的运行结果

接下来用 paralle 制导语句进行并行化改造，其中关键的一点是要将所有累加的数字切分成多个部分，每个部分放到不同的线程里计算，每部分的起始数字和结尾数字可以通过线程编号来算出，具体代码如程序 8-6 所示。

程序 8-6

```c
#include <stdio.h>
#include <stdlib.h>
#include <omp.h>
/*----------------------------------------------------------*/
/* main */
/*----------------------------------------------------------*/
int main(int argc, char* argv[]) {
    int max_num = strtol(argv[1], NULL, 10);
    int num_t = strtol(argv[2], NULL, 10);

    int sum = 0;
```

```
        int item = max_num/num_t;
#    pragma omp parallel num_threads(num_t)
{
        int id = omp_get_thread_num();

        int count_t = omp_get_num_threads();

        for (int i = item*id+1; i <= (id == count_t-1? max_num:item*(id+1)); i++)
            sum += i;
        printf("Thread %d & Sum %d\n", id, sum);
}

        printf("sum %d\n", sum);

        return 0;
}
```

同样计算 1 到 100 的累加，用 3 个线程来并行，运行结果如图 8-10 所示。从结果可以看出，两次运行的结果并不一致，而且第一次的结果也不正确[①]。

```
vito@ubuntu:~/workspace/coursepp/ch2$ gcc -g -Wall -fopenmp mp-acc2.c -o mp-acc2
vito@ubuntu:~/workspace/coursepp/ch2$ ./mp-acc2 100 3
Thread 2 & Sum 3562
Thread 1 & Sum 1752
Thread 0 & Sum 4123
sum 4123
vito@ubuntu:~/workspace/coursepp/ch2$ ./mp-acc2 100 3
Thread 1 & Sum 4489
Thread 2 & Sum 2839
Thread 0 & Sum 5050
sum 5050
vito@ubuntu:~/workspace/coursepp/ch2$
```

图 8-10   程序 8-6 的运行结果

这个程序需要注意以下几点：

(1) 用了两个不同的变量来表示线程数量：一个是 num_t，这是接收用户传入的、希望并行的线程数，也是传入 OpenMP 编译制导语句的线程参数 num_threads 的值；第二个是 count_t，这是通过 OpenMP 内置库函数 omp_get_num_threads 获得的实际启用的线程数。两者并不一定相等，因为实际能启动的线程数还受到操作系统的限制，不过现代的操作系统允许启动的线程数都比较多，所以一般情况下两者是相等的。

(2) for 语义终止条件中的 id == count_t-1?remainder:0 是为了当线程不能平均分配加数时，将剩余的加数分配给最后一个线程。

(3) 最终结果不一定正确的问题是讨论的重点。如果读者有多线程编程的知识，应该能想到这是由竞争条件(race condition)导致的。程序中的共享变量 sum 被多个线程访问，并且至少有一个访问更新了该共享资源。因为一个加法在 CPU 中计算的时候是分成几个不同时钟周期的，假设 sum 被初始化为 0，线程 0 已经开始 for 循环，i 取值为 1，线程 1 也开

[①] CPU 的核数最好大于 4，否则由于概率的关系，跑出最后结果不正确的情况需要运行程序很多次。

始 for 循环，i 取值为 34，并且假设线程根据表 8-3 中的时钟周期执行语句 sum += i。

表 8-3　共享变量竞争示意

时钟周期	线程 0	线程 1
0	sum = 0 送入寄存器	i 取值为 34
1	i = 1 送入寄存器	sum = 0 送入寄存器
2	将 i 加到 sum 中	i = 34 送入寄存器
3	存储 sum = 1	将 i 加到 sum 中
4		存储 sum = 34

可以看到，线程 0 计算出的结果(sum = 1)被线程 1 覆盖了，这就导致了最终结果不可预计。引起竞争条件的代码就是 sum += i，称为临界区。临界区是一个被多个更新共享资源的线程执行的代码，并且共享资源一次只能被一个线程更新，因此需要一些机制来确保一次只有一个线程执行 sum += i，并且在一个线程完成操作前，其他线程都不能执行这段代码。

8.6　critical 语句

为了保证在多线程执行的程序中，出现资源竞争的时候能得到正确的结果，OpenMP 提供了 3 种不同类型的多线程同步机制：排它锁、原子操作和临界区。其中，临界区是最简单的，但却是最不灵活的一种。编译制导 critical 声明一个临界区，临界区一次只允许一个线程执行，因此它实际上提供了一种串行的机制。critical 结束处没有隐式栅栏。

现在使用 critical 改进程序 8-6，生成新的程序 8-7，关键部分是 #pragma omp critical。

程序 8-7

```c
#include <stdio.h>
#include <stdlib.h>
#include <omp.h>
/*------------------------------------------------------------*/
/* main */
/*------------------------------------------------------------*/
int main(int argc, char* argv[]) {
    int max_num = strtol(argv[1], NULL, 10);
    int num_t = strtol(argv[2], NULL, 10);

    int sum = 0;
    int item = max_num/num_t;
#   pragma omp parallel num_threads(num_t)
{
    int id = omp_get_thread_num();
```

```
        int count_t = omp_get_num_threads();

        for (int i = item*id+1; i <= (id == count_t-1? max_num:item*(id+1)); i++)
#           pragma omp critical
            sum += i;
        printf("Thread %d & Sum %d\n", id, sum);
    }

    printf("sum %d\n", sum);

    return 0;
}
```

运行结果如图 8-11 所示。

```
vito@ubuntu:~/workspace/coursepp/ch2$ gcc -g -Wall -fopenmp mp-acc2a.c -o mp-acc2a
vito@ubuntu:~/workspace/coursepp/ch2$ ./mp-acc2a 100 4
Thread 2 & Sum 1575
Thread 0 & Sum 1900
Thread 1 & Sum 2850
Thread 3 & Sum 5050
sum 5050
vito@ubuntu:~/workspace/coursepp/ch2$
```

图 8-11　程序 8-7 的运行结果

有了 pragma omp critical 之后，就能确保 sum += i 每次只被一个线程执行，解决了程序 8-6 中的竞争条件问题。但是仔细分析程序 8-7，发现如此一来，程序实际上变成了串行程序，并没有发挥并行程序的优势，所以需要对程序 8-7 继续进行改造。

8.7　变量作用域

在 OpenMP 中，变量的作用域涉及在并行块中能够访问该变量的线程集合。一个能被线程组中所有线程访问的变量拥有共享作用域，而一个只能被单个线程访问的变量拥有私有作用域。

对程序 8-7 进行改造，使之既能发挥并行的优势又不发生共享变量冲突。一种思路是给每个线程定义一个求部分和的局部变量，然后对每个线程的部分和局部变量再求总和，算出最终结果。具体代码如程序 8-8 所示，先给每个线程定义一个私有变量 localsum，保存每个线程的部分和，然后对每个 localsum 求和，将最终结果保存在共享变量 sum 中。

程序 8-8

```
#include <stdio.h>
#include <stdlib.h>
#include <omp.h>
/*-------------------------------------------------------------------*/
```

```
/* main */
/*------------------------------------------------------------*/
int main(int argc, char* argv[]) {
        int max_num = strtol(argv[1], NULL, 10);
        int num_t = strtol(argv[2], NULL, 10);

        int sum = 0;
        int item = max_num/num_t;
#    pragma omp parallel num_threads(num_t)
{
        int id = omp_get_thread_num();
        int count_t = omp_get_num_threads();
        int localsum = 0;
        for (int i = item*id+1; i <= (id == count_t-1? max_num:item*(id+1)); i++)
            localsum += i;
#    pragma omp critical
        sum += localsum;
        printf("Thread %d & localsum %d & sum %d\n", id, localsum, sum);
}
        printf("sum %d\n", sum);

        return 0;
}
```

运行结果如图 8-12 所示，需要注意的是，对 sum 的求和仍然需要满足 critical 约束。

```
vito@ubuntu:~/workspace/coursepp/ch2$ gcc -g -Wall -fopenmp mp-acc2b.c -o mp-acc2b
vito@ubuntu:~/workspace/coursepp/ch2$ ./mp-acc2b 100 4
Thread 1 & localsum 950 & sum 950
Thread 2 & localsum 1575 & sum 2525
Thread 0 & localsum 325 & sum 2850
Thread 3 & localsum 2200 & sum 5050
sum 5050
```

图 8-12   程序 8-8 的运行结果

在并行块中被声明和使用的变量在每个线程的(私有)栈中分配，是私有作用域。如果在并行块之前声明的变量，默认情况下在并行块中是共享作用域，比如程序中的 sum 变量。

可以通过 default、shared、private 子句来为变量指定作用域。default 子句用来指定并行区域内没有显式指定作用域的变量的默认作用域，取值有 none 和 shared 两种。指定为 none 时表示必须显式地为这些变量指定作用域；指定为 shared 时表示当没有显示地指定作用域时，传入并行区域的变量的作用域为共享作用域。程序 8-8 可以等效修改为程序 8-9。

程序 8-9

```
#include <stdio.h>
#include <stdlib.h>
#include <omp.h>
/*-------------------------------------------------------------*/
/* main */
/*-------------------------------------------------------------*/
int main(int argc, char* argv[]) {
        int max_num = strtol(argv[1], NULL, 10);
        int num_t = strtol(argv[2], NULL, 10);

        int sum = 0;
        int item = max_num/num_t;
        int localsum = 0;
#   pragma omp parallel num_threads(num_t) default(none) private(localsum) shared(sum)
{
        int id = omp_get_thread_num();
        int count_t = omp_get_num_threads();
        for (int i = item*id+1; i <= (id == count_t-1? max_num:item*(id+1)); i++)
            localsum += i;
#   pragma omp critical
        sum += localsum;
        printf("Thread %d & localsum %d & sum %d\n", id, localsum, sum);
}
        printf("sum %d\n", sum);

        return 0;
}
```

8.8   reduction 语句

通过定义规约变量(reduction variable)和规约操作符(reduction operator)来编写 OpenMp 程序更为清晰和简洁,如程序 8-10 所示。其中,sum 是规约变量,＋号是规约操作符。

程序 8-10

```
#include <stdio.h>
#include <stdlib.h>
#include <omp.h>
```

```
/*----------------------------------------------------------*/
/* main */
/*----------------------------------------------------------*/
int main(int argc, char* argv[]) {
    int max_num = strtol(argv[1], NULL, 10);
    int num_t = strtol(argv[2], NULL, 10);

    int sum = 0;
    int item = max_num/num_t;
#   pragma omp parallel num_threads(num_t) reduction(+: sum)
{
    int id = omp_get_thread_num();
    int count_t = omp_get_num_threads();
    for (int i = item*id+1; i <= (id == count_t-1?max_num:item*(id+1)); i++)
        sum += i;
    printf("Thread %d & sum %d\n", id, sum);
}
    printf("sum %d\n", sum);

    return 0;
}
```

从某种程度上说，规约变量 sum 既是共享变量又是私有变量。OpenMP 首先为每个线程创建一个规约变量 sum 的私有变量，每个线程在作累加时，结果存在各自的私有变量里。同时 OpenMP 也创建了一个临界区，在这个临界区中，将存在每个线程中私有变量的值执行相加(规约操作符)，存到规约变量 sum 中。所以程序 8-10 完全等效于程序 8-8，但更加清晰简洁。

8.9　parallel for 语句

从程序 8-10 中可以看到，对于累加数据分配到线程的操作是通过线程编号计算得到的，而这可以让 OpenMP 自动去处理，这就是 parallel for 子句的作用。修改后的程序为程序 8-11，其与程序 8-10 最大的不同在于使用了编译制导语句 parallel for，通过 OpenMP 自动划分 for 循环中的迭代。

程序 8-11

```
#include <stdio.h>
#include <stdlib.h>
#include <omp.h>
```

```
/*-----------------------------------------------------------------*/
/* main */
/*-----------------------------------------------------------------*/
int main(int argc, char* argv[]) {
    int max_num = strtol(argv[1], NULL, 10);
    int num_t = strtol(argv[2], NULL, 10);

    int sum = 0;
#   pragma omp parallel for num_threads(num_t) reduction(+: sum)
    for (int i = 1; i<= end_num; i++)
        sum += i;
    printf("Sum %d\n", sum);

    return 0;
}
```

结果如图 8-13 所示。

```
vito@ubuntu:~/workspace/coursepp/ch2$ gcc -g -Wall -fopenmp mp-acc4.c -o mp-acc4
vito@ubuntu:~/workspace/coursepp/ch2$ ./mp-acc4 100 4
Sum 5050
vito@ubuntu:~/workspace/coursepp/ch2$
```

图 8-13　程序 8-11 的运行结果

对于 paralle for 语句有以下两点需要注意：

(1) OpenMP 只提供了用于 for 循环的 paralle for，对类似的 while 或者 do-while 循环没有提供支持。

(2) 对 for 循环本身也有一些具体要求，并不是所有的 for 循环都能用 paralle for 来自动并行化。具体限制可以参考相关书籍。

第 9 章　OpenMP 程序设计进阶

本章将在上一章的基础上介绍更多的 OpenMP 特性，让读者能更灵活地使用 OpenMP 这个快捷武器来为自己的并行程序设计服务。

9.1　single 和 master 语句

制导语句 single 和 master 都是指定相关的并行区域只由一个线程执行，两者的区别在于，使用 master 是由主线程(0 号线程)执行，而使用 single 则由运行时的具体情况决定。两者还有一个区别，就是 single 在结束处隐含栅栏同步，而 master 没有。在没有特殊需求时，建议使用 single 语句。两类语句格式如下：

```
# pragma omp single
# pragma omp master
```

示例程序 9-1 如下：

程序 9-1

```
#include <stdio.h>
#include <stdlib.h>
#include <omp.h>
/*-----------------------------------------------------------*/
/* main */
/*-----------------------------------------------------------*/
int main(int argc, char* argv[]) {

#   pragma omp parallel num_threads(4)
{
        printf("thread %d in line %d\n", omp_get_thread_num(), __LINE__);
#   pragma omp master
        printf("[master]thread %d in line %d\n", omp_get_thread_num(), __LINE__);
#   pragma omp single
        printf("[single]thread %d in line %d\n", omp_get_thread_num(), __LINE__);
```

```
    }

    return 0;
}
```

运行结果如图 9-1 所示。

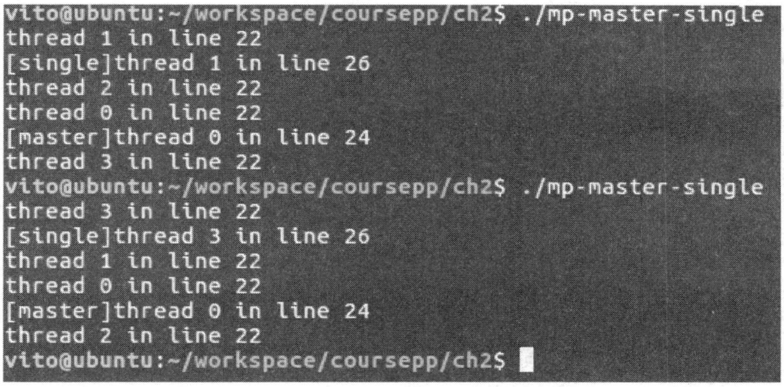

图 9-1　程序 9-1 的运行及结果

从两次运行结果中可以看出，没有被 single 或者 master 语句控制的部分在每个线程中都会执行，被 master 控制的输出语句只在主线程(0 号线程)执行，而被 single 控制的输出语句每次只在一个线程中执行。

9.2　barrier 语句

在 OpenMP 中可以通过 barrier 语句显式指定栅栏同步。在 barrier 调用处，每个到达此处的线程必须等待其他线程到达，只有当并行区域内的所有线程都到达此处之后，线程才可以继续向下执行。使用 barrier 要注意可能由此引起的死锁问题。当多个线程之间需要交换数据时，可以使用 barrier，适时等待所有数据都准备好后，再继续执行。语句格式如下：

```
# pragma omp barrier
```

9.3　atomic、锁和 critical 进阶

8.6 节中通过 critical 临界区实现的线程同步机制也可以通过原子操作(atomic)和排它锁实现。

1. atomic

atomic 有点类似于数据库原理中的原子操作，它保证了在当前线程完成操作之前，其他线程不允许操作。atomic 操作的功能有限，但是速度比其他两个机制要快得多，可以优先考虑使用。以下是示例程序 9-2。

程序 9-2

```
#include <stdio.h>
#include <stdlib.h>
#include <omp.h>
/*----------------------------------------------------------------*/
/* main */
/*----------------------------------------------------------------*/
int main(int argc, char* argv[]) {
    int sumx = 1;
    int sumy = 2;

#   pragma omp parallel num_threads(4) shared(sumx, sumy)
    {
#   pragma omp atomic
        sumx += omp_get_thread_num();
#   pragma omp atomic
        sumy += omp_get_thread_num();
    }
    printf("sumx = %d, sumy = %d\n", sumx, sumy);

    return 0;
}
```

编译运行结果如图 9-2 所示。

```
vito@ubuntu:~/workspace/coursepp/ch2$ gcc -g -Wall -fopenmp mp-atomic.c -o mp-atomic
vito@ubuntu:~/workspace/coursepp/ch2$ ./mp-atomic
sumx = 7, sumy = 8
```

图 9-2　程序 9-2 的运行及结果

2. 锁

锁的消耗是介于 atomic 和 critial 之间的，但是锁操作特别灵活，当另外两种方式不能满足需求时可以考虑通过锁来实现。锁的类型为 omp_lock_t，相关函数有 omp_init_lock(初始化锁)、omp_set_lock(获得锁)、omp_unset_lock(释放锁)以及 omp_destroyed_lock(销毁锁)。需要注意的是，初始化锁和销毁锁要在并行区域之外进行。下面是一段使用锁的示例程序 9-3。

程序 9-3

```
#include <stdio.h>
#include <stdlib.h>
#include <omp.h>
```

```
/*---------------------------------------------------------*/
/* main */
/*---------------------------------------------------------*/
int main(int argc, char* argv[]) {
    int sumx = 1;

    int sumy = 2;

    omp_lock_t lock;

    omp_init_lock(&lock);
#   pragma omp parallel num_threads(4) shared(sumx, sumy)
    {
        omp_set_lock(&lock);
        sumx += omp_get_thread_num();
        sumy += omp_get_thread_num();
        omp_unset_lock(&lock);
    }
    omp_destroy_lock(&lock);
    printf("sumx = %d, sumy = %d\n", sumx, sumy);

    return 0;
}
```

运行结果如图 9-3 所示。

```
vito@ubuntu:~/workspace/coursepp/ch2$ gcc -g -Wall -fopenmp mp-lock.c -o mp-lock
vito@ubuntu:~/workspace/coursepp/ch2$ ./mp-lock
sumx = 7, sumy = 8
```

图 9-3　程序 9-3 的运行结果

如果去掉锁，重新编译运行可能会得到错误的结果，如图 9-4 所示。

```
vito@ubuntu:~/workspace/coursepp/ch2$ gcc -g -Wall -fopenmp mp-lock.c -o mp-lock
vito@ubuntu:~/workspace/coursepp/ch2$ ./mp-lock
sumx = 7, sumy = 5
```

图 9-4　去掉锁之后的错误结果

3. critical 进阶

8.6 节中介绍的 critical 虽然简单，但是不灵活，特别是当代码中有多个并行区域用到 critical 时，其默认是将所有临界区域复合成一个大的临界区，这样十分不利于提升程序的性能。所以 critical 的一种高级形式是通过参数 name 来标识不同的临界区域，不同 name 的并行区域可以同时执行，语句格式如下：

```
# pragma omp critical (name)
```

9.4 schedule 子句

在前面的累加例子中，使用 parallel 语句进行累加计算时先通过编写代码来划分任务，再将划分后的任务分配给不同的线程去执行。后来使用 paralle for 语句实现了基于 OpenMP 的自动划分，如果 k 个线程需要迭代 n 次循环，大致会为每一个线程分配 $[n/k]$ 次迭代，由于 n/k 不一定是整数，所以存在轻微的负载均衡问题。在解决负载均衡问题时，可以通过子句 schedule 来对影响负载的调度划分方式进行设置，基本格式如下：

```
# pragma omp schedule (type [, size])
```

type 类型有如下几种：

(1) static：静态调度策略，任务/数据在循环执行之前就被分配给线程。采用交替分配的方式，按照 size 大小来给每个线程分配迭代。假设有 4 个线程，如果采用 schedule(static, 3)方式，则线程的分配情况如下：

Thread0:　0, 1,　2

Thread1:　3, 4,　5

Thread2:　6, 7,　8

Thread3:　9, 10, 11

(2) dynamic：动态调度策略，任务/数据在循环执行时才被分配给线程。当线程将所分配的任务/数据计算完成时，它们将继续从运行的系统中请求新的任务/数据。

(3) guided：指导调度策略，任务/数据也是在循环执行时才被分配给线程。它采用启发式自调度策略，开始时每个线程会被分配较大的迭代次数，之后逐渐减小。

(4) runtime：运行时调度策略，在运行时根据环境变量的值来决定具体的调度策略，它可以使用上述三种中的一种。

三种调度策略的系统开销大小依次是 static < dynamic < guided。如果代码在默认情况下(不使用 schedule)能达到较好的性能，则不使用 schedule 子句。如果随着循环的进行，迭代的计算量线性递增(或递减)，采用 size 较小的 static 策略能得到较好的负载均衡，提供最好的性能。如果需要在多种策略之间对比测试，可以考虑使用 runtime 方式通过环境变量来控制最终使用哪一种策略，避免反复变动代码。

9.5 循环依赖

本节将以对 π 的数值估计方法为例来探讨 OpenMP 中的循环依赖问题。圆周率 π(Pi) 是数学中最重要和最奇妙的数字之一，对它的计算方法也是多种多样的，其中适合采用计算机编程来计算并且精确度较高的方法是通过使用无穷级数来计算 π 值。常用的级数有两个：格雷戈里–莱布尼茨无穷级数和 Nilakantha 级数。前者公式简单，但后者精度更高。这里采用后者来进行计算，数学表达式如公式(9-1)所示。

$$\pi = 3 + \frac{4}{2\times3\times4} - \frac{4}{4\times5\times6} + \frac{4}{6\times7\times8} - \frac{4}{8\times9\times10} + \cdots \tag{9-1}$$

将公式(9-1)化简整理成公式(9-2)。

$$\pi = 3 + 4\sum_{k=0}^{\infty} \frac{(-1)^k}{(2k+2)(2k+3)(2k+4)} \tag{9-2}$$

用串行程序 9-4 来实现公式(9-2)。

程序 9-4

```c
#include <stdio.h>
#include <stdlib.h>
#include <math.h>
#include <omp.h>

/*-----------------------------------------------------------
*Function:   main
*
*/
int main(int argc, char* argv[]) {
    long long n, i;
    double factor = 1.0;
    double sum = 0.0;
    n = strtoll(argv[1], NULL, 10);

    for (i = 0; i < n; i++)
    {
        sum += factor/((2*i+2)*(2*i+3)*(2*i+4));
        factor = -factor;
    }
    sum = 3.0+4.0*sum;
    printf("With n = %lld terms, \n", n);
    printf("    Our estimate of pi = %.14f\n", sum);
    printf("                      pi = %.14f\n", 4.0*atan(1.0));

    return 0;
}
```

编译运行结果如图 9-5 所示。

```
vito@ubuntu:~/workspace/coursepp/ch3$ gcc -g -Wall -lm mp-pi1.c -o mp-pi1
vito@ubuntu:~/workspace/coursepp/ch3$ ./mp-pi1 100
With n = 100 terms,
    Our estimate of pi = 3.14159241097198
                    pi = 3.14159265358979
vito@ubuntu:~/workspace/coursepp/ch3$ █
```

图 9-5　程序 9-4 的运行结果

使用 parallel for 进行并行化，具体代码如程序 9-5 所示。

程序 9-5

```c
#include <stdio.h>
#include <stdlib.h>
#include <math.h>
#include <omp.h>

/*-------------------------------------------------------------
*Function:   main
*
*/
int main(int argc, char* argv[]) {
    long long n, i;
    int count_t;
    double factor = 1.0;
    double sum = 0.0;
    n = strtoll(argv[1], NULL, 10);
    count_t = strtol(argv[2], NULL, 10);

#   pragma omp parallel for num_threads(count_t) \
        reduction(+: sum)
    for (i = 0; i < n; i++)
    {
        sum += factor/((2*i+2)*(2*i+3)*(2*i+4));
        factor = -factor;
    }

    sum = 3.0+4.0*sum;
    printf("With n = %lld terms and %d threads, \n", n, count_t);
    printf("    Our estimate of pi = %.14f\n", sum);
    printf("                    pi = %.14f\n", 4.0*atan(1.0));
```

```
    return 0;
}
```

编译运行结果如图 9-6 所示。

```
vito@ubuntu:~/workspace/coursepp/ch3$ gcc -g -Wall -fopenmp -lm mp-pi2.c -o mp-pi2
vito@ubuntu:~/workspace/coursepp/ch3$ ./mp-pi2 100 4
With n = 100 terms and 4 threads,
   Our estimate of pi = 2.85840758902802
                   pi = 3.14159265358979
vito@ubuntu:~/workspace/coursepp/ch3$
```

图 9-6　程序 9-5 的运行结果

可以看到结果不正确。分析代码发现，第 k 次迭代中，factor 的计算依赖于前一次迭代中 factor 的值，这是一个循环依赖。如果第 $k-1$ 次迭代被分配给一个线程，而第 k 次迭代被分配给另外一个线程，就不能保证 factor 值的正确性。

可以通过修改 factor 的计算方式来解除循环依赖。分析公式 $(-1)^k$ 发现，factor 的计算只和 k 的奇偶性相关而与前后迭代次序无关，因此将代码

```
sum += factor/((2*i+2)*(2*i+3)*(2*i+4));
factor = -factor;
```

修改为

```
factor = (i % 2 == 0) ? 1.0 : -1.0;
sum += factor/((2*i+2)*(2*i+3)*(2*i+4));
```

另外，还需要将 factor 在并行区域内的作用域设置为私有，如下所示：

```
#   pragma omp parallel for num_threads(count_t) \
        reduction(+: sum) private(factor)
```

读者可以自己思考一下为什么。

习题

1. 请分别说明 OpenMP 制导语句 #pragma omp parallel 和 #pragma omp parallel for 的含义和作用。

2. 在 OpenMP 中使用 parallel for 指令时，以下说法正确的是：

A. 如果存在数据依赖，则不能并行执行；

B. 如果存在数据依赖，有可能并行执行；

C. 如果存在循环依赖，则不能并行执行；

D. 如果存在循环依赖，有可能并行执行。

3. 指定代码只能由线程组中的一个线程执行的 OpenMp 编译制导命令是：

A. master;　　　　B. single;　　　　C. critical;　　　　D. atomic。

4. 下列说法是否正确？为什么？

OpenMP 只能并行化 for 循环，不能并行化 while 和 do-while 循环。

5. OpenMP 中获取线程编号和获取线程数的函数分别是哪些?

6. 下面是一个用 OpenMP 编写的 C 程序，假设有 16 个线程参与并行执行，阅读以下程序，求 a 和 b 的值。

```c
#include <stdio.h>
#include "omp.h"
int a = -1, b = -2;
#pragma omp threadprivate (a)
void foo(int i)
{
  int k = 0;
  for (; i>0; i--) k++;
  #pragma omp critical
    b = b+k;
}
int main()
{
  #pragma omp parallel
  {
    a = omp_get_thread_num();
    foo(a);
  }
  printf ("a = %d, b = %d \n", a, b);
}
```

7. 请将下列串行计算 π 的 C 语言代码用 omp parallel 编译制导语句并行化。

```c
static long steps = 100000;
void main()
{
  int i;
  double x, pi, sum = 0;
  double step = 1.0/steps;
  for(i = 0; i<steps; i++)
  {
      x = (i+0.5)*step;
```

```
        sum = sum+4.0/(1.0+x*x);
    }
    pi = sum*step;
}
```

8. 请将本章习题 7 中的串行代码用 omp for 语句并行化(可以添加其他编译制导语句)。
9. 请将本章习题 7 中的串行代码用规约语句(reduction)并行化。

第 10 章　MPI 程序设计基础

MPI 是基于消息传递的一种编程模型，本章讲述基于 MPI 并行程序设计所需要的基础知识和方法。通过本章的学习，读者可以掌握 MPI 最基本的语句，完成简单的并行程序的编写、编译和运行。

10.1　分布式内存模型

并行计算机分为分布式内存系统和共享内存系统两种。其中，分布式内存系统由网络相互链接的运算单元和存储器组成计算节点，每个节点运行各自的操作系统，拥有独立的物理地址。分布式内存模型通过显式的消息传递来交换数据，目前常用的分布式内存并行环境就是消息传输接口(Message-Passing Interface，MPI)，它已成为事实上的标准。

10.2　MPI 简介

在消息传递程序中，一个运行在不同节点(由计算单元和存储器构成)上的程序通常称为一个进程，不同进程之间可以通过网络传递消息进行通信。消息可以是指令、数据以及各类控制信号等。在消息传递中，需要用户通过发送和接收消息来进行数据交换。此方式比较适合于开发大粒度的并行性程序，是大规模并行处理机和集群所采用的主要通信编程方式。

MPI 是一种标准和规范，并没有给出具体实现方式。目前主要的实现有 OpenMPI、MPICH 和 Mvapich，其中 OpenMPI 和 MPICH 较为常见。本篇将以 OpenMPI 为基础进行实战学习。

10.3　环境安装

ubuntu 的默认环境并不支持 OpenMPI，所以要进行相关环境的安装。安装方法有两种：一种是通过编译源码安装，另一种是通过 apt-get install 安装。这里首先介绍通过源码编译安装。

1. 源码编译安装

以下命令如果没有特殊说明，均是指在 Shell 环境中输入。具体安装过程如下：

(1) 在 ubuntu 中打开一个终端。

(2) 通过以下命令或者去官方网站(http://www.open-mpi.org)下载 openmpi(当前最新的稳定版本是 2.1.0):

```
wget https://www.open-mpi.org/software/ompi/v2.1/downloads/openmpi-2.1.0.tar.gz
```

(3) 解压，如下所示:

```
tar xvzf openmpi-2.1.0.tar.gz
```

(4) 配置编译安装，默认安装至目录 /usr/local/lib。整个过程需要花费一点时间，中间可能会出现一些警告，可以忽略，如下所示:

```
cd openmpi-2.1.0
./configure
sudo make all install
```

(5) 添加库共享路径。使用 vi 编辑 profile 文件(如果不会使用 vi，可以使用 gedit 等其他编辑软件)，如下所示:

```
sudo vi /etc/profile
```

在文件的最后一行加入如下命令并保存退出:

```
export LD_LIBRARY_PATH = $LD_LIBRARY_PATH:/usr/local/lib
```

执行以下命令使修改的配置生效:

```
source /etc/profile
```

2. 使用 apt-get install 安装

在 ubuntu16.04 版本下可以通过执行如下命令安装 MPI 的一种实现 openmpi:

```
sudo apt-get install libopenmpi-dev
```

10.4 环境测试

通过 vi 输入测试程序(如程序 10-1 所示，来源于 openmpi-2.1.0 的 examples)，保存为 hello_c.c。

程序 10-1

```
#include <stdio.h>
#include "mpi.h"

int main(int argc, char* argv[])
{
```

```
    int rank, size, len;
    char version[MPI_MAX_LIBRARY_VERSION_STRING];

    MPI_Init(&argc, &argv);
    MPI_Comm_rank(MPI_COMM_WORLD, &rank);
    MPI_Comm_size(MPI_COMM_WORLD, &size);
    MPI_Get_library_version(version, &len);
    printf("Hello, world, I am %d of %d, (%s, %d)\n",
            rank, size, version, len);
    MPI_Finalize();

    return 0;
}
```

用 mpicc 命令编译链接 hello_c.c 源码，生成可执行文件 hello_c，如下所示：

```
mpicc -g -Wall -o hello_c hello_c.c
```

如果没有任何错误提示，则表示编译成功，可以通过执行以下 mpi 命令运行：

```
mpiexec -n 4 hello_c
```

运行结果如图 10-1 所示，应该有 4 行输出，但顺序不一定相同。

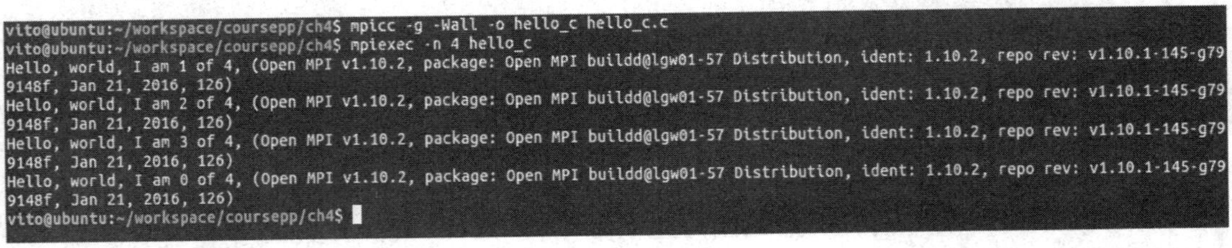

图 10-1　编译程序 10-1 及运行结果

至此，一个基于 MPI 的程序设计环境就安装好了。

10.5　典型的 MPI 程序

一个典型的 MPI 程序如程序 10-2 所示。

程序 10-2

```
#include <stdio.h>
#include "mpi.h"
int main(void)
{
    int rank, size, tag = 1;
```

```
        int senddata, recvdata;
        MPI_Status status;
        MPI_Init(NULL, NULL);
        MPI_Comm_rank(MPI_COMM_WORLD, &rank);
        MPI_Comm_size(MPI_COMM_WORLD, &size);
        printf("I'm rank %d\n", rank);
        if(0 == rank)
        {
            senddata = 66;
            MPI_Send(&senddata, 1, MPI_INT, 1, tag, MPI_COMM_WORLD);
        }
        else if(1 == rank)
        {
            MPI_Recv(&recvdata, 1, MPI_INT, 0, tag, MPI_COMM_WORLD, &status);
            printf("rank %d got %d\n", rank, recvdata);
        }
        MPI_Finalize();
        return 0;
}
```

用命令行形式来编译和运行程序，执行编译命令如下：

```
mpicc -g -Wall -o mpi-hi mpi-hi.c
```

其中，mpicc 是 C 语言编译器的包装脚本，其实质就是 C 语言编译器，只不过多了一层"包装"，告知编译器从何处取得需要的头文件、库函数等，包装脚本可以简化编译器的运行。调用如下命令查看版本号：

```
mpicc –version
```

如图 10-2 所示，可以看到实际的编译器是 gcc。

```
vito@ubuntu:~/workspace/coursepp/ch4$ mpicc --version
gcc (Ubuntu 5.4.0-6ubuntu1~16.04.4) 5.4.0 20160609
Copyright (C) 2015 Free Software Foundation, Inc.
This is free software; see the source for copying conditions.  There is NO
warranty; not even for MERCHANTABILITY or FITNESS FOR A PARTICULAR PURPOSE.
```

图 10-2　mpicc 实际使用的编译器仍然是 gcc

编译时的其他选项(如 -g、-Wall、-o)和前面 OpenMP 中所讲一致，这里就不再赘述了。运行命令如下：

```
mpiexec -n 4 ./mpi-hi
```

其中，参数 -n 表示启动了多少个进程(mpi-hi 程序实例)。运行结果如图 10-3 所示。

图 10-3　mpi-hi 程序运行结果

在 MPI 程序运行过程中，可以相互发送消息的进程集合组成一个通信域(通讯子)，通信域包含进程集合和通信上下文等内容。消息在相同通信域内传递，通信域之间相互隔离。MPI 预定义了一些通信域，如 MPI_COMM_WORLD、MPI_COMM_SELF 等。其中，MPI_COMM_WORLD 是所有进程的集合，在执行了 MPI_Init 函数之后自动产生。MPI 程序具体讲解如下：

1．头文件

MPI 程序需要包含 mpi.h 头文件，头文件包含了 MPI 函数的原型、类型定义等。

2．MPI 启动

MPI 程序通过调用 MPI_Init 函数进入 MPI 环境，并完成 MPI 系统的初始化设置。例如，为消息缓冲分配存储空间、为进程指定进程号等。该语句一般是 MPI 程序的第一个函数调用。它的语法格式为：

```
int MPI_Init(int* argc, char*** argv)
```

其中，argc 和 argv 是指向参数 argc 和 argv 的指针，当不使用这些参数时，可以将其设置为 NULL，如程序 10-2 中一样。MPI_Init 定义了由用户启动的所有进程组成的通信域，这个通信域由预定义变量 MPI_COMM_WORLD 指定。

3．MPI 结束

在 MPI 中调用 MPI_Finalize 使程序从 MPI 环境中退出，释放为 MPI 分配的资源。它的语法格式为

```
int MPI_Finalize(void)
```

4．获取进程编号

MPI 程序通过 MPI_Comm_rank 函数来获取当前进程在指定的 MPI 通信域中的编号，也就是进程的身份标识，使通信域中的进程相互区别开来，从而实现进程间的交互。其语法格式如下：

```
int MPI_Comm_rank(MPI_Comm comm, int* rank)
```

其中，MPI_Comm 是通信域(通信子)。

5．获取进程数量

MPI 程序通过调用 MPI_Comm_rank 函数获得指定通信域的进程个数，其语法格式如下：

```
int MPI_Comm_rank(MPI_Comm comm, int* size)
```

6．发送消息

MPI 程序通过调用 MPI_Send 函数发送一个消息到达目标进程，其语法格式如下：

```
int MPI_Send(void* buf, int count, MPI_Datatype datatype, int dest, int tag, MPI_Comm comm)
```

7．接收消息

MPI 程序通过调用 MPI_Recv 函数从指定进程接收一个消息，其语法格式如下：

```
int MPI_Recv(void* buf, int count, MPI_Datatype datatype, int source, int tag, MPI_Comm comm, MPI_Status* status)
```

程序 10-2 中，0 号进程将消息"66"发送给 1 号进程，1 号进程接收消息并打印出来，所以程序中 MPI_Send 函数的 dest 参数值为 1，而 MPI_Recv 函数的 source 参数值为 0。

10.6　MPI 消息

可以将 MPI 消息想象成一封信，由寄信人寄出，通过邮局送到收信人手中。一封信一般包括内容和信封两部分。内容就是寄信人实际要告诉收信人的信息，也就是 MPI_Send 函数和 MPI_Recv 函数中的内容部分；信封则定义了发送者和接收者的相关信息，让信件能够准确地发送和接收。

在 MPI 中，内容由三部分组成：起始地址、数据个数、数据类型。信封同样由三部分组成：源/目标进程、消息标签、通信域。内容三元素分别对应 MPI_Send 和 MPI_Recv 函数中的 buf、count、datatype；而信封三元素对应的参数为 dest/source、tag、comm。

$$\text{MPI\_Send}(\underbrace{buf, count, datatype}_{\text{内容}}, \underbrace{dest, tag, comm}_{\text{信封}}) \tag{10-1}$$

$$\text{MPI\_Recv}(\underbrace{buf, count, datatype}_{\text{内容}}, \underbrace{source, tag, comm}_{\text{信封}}, status) \tag{10-2}$$

公式(10-1)和(10-2)给出了发送和接收函数中内容和信封相关的元素。

首先讲解内容三元素。第一个元素 buf 是一个指向包含内容的内存块的指针，第二、三个元素 count 和 datatype 指定了内容的数据量，即有 count 个 datatype。数据类型变量 datatype 是通过 MPI_Datatype 来定义的，MPI 之所以用一个特殊的类型来定义数据类型主要是为了解决消息传递过程中的异构性问题。因为在由不同计算机组成的系统(网络)中传递消息时，系统中每台计算机的硬件、操作系统可能不同，在通信时，需要保证双方对数据不同表示的互操作性。MPI 通过提供预定义的数据类型来解决这个问题，建立了预定义数据类型与不同语言之间的对应关系。MPI 的常见数据类型有 MPI_CHAR、MPI_SHORT、MPI_INT、MPI_LONG、MPI_LONG_LONG、MPI_UNSIGNED_CHAR、MPI_UNSIGNED_SHORT 等。

信封三元素涉及与消息之间的匹配问题。假设 s 号进程调用 MPI_Send 函数，而 r 号进程调用 MPI_Recv 函数，如果 s 号进程所发送的消息要能被 r 号进程所接收，一般来讲需要满足以下三个条件：

(1) s 进程的 comm = r 进程的 comm；

(2) dest = r 并且 source = s；

(3) s 进程的 tag = r 进程的 tag。

第一，两个进程属于同一个通信域，才能彼此通信；第二，发送端的 dest 参数指定了要接收消息进程的进程号，而接收端的 source 参数指定了发送消息进程的进程号，两者要配对，否则就接收不到消息；第三，两个进程间的标签 tag 要相同。下面通过几个例子来加深读者对信封三要素的理解，首先来看程序 10-3。

程序 10-3

```c
#include <stdio.h>
#include "mpi.h"
int main(void)
{
    int rank, size;
    int senddata, recvdata;
    MPI_Status status;
    MPI_Init(NULL, NULL);
    MPI_Comm_rank(MPI_COMM_WORLD, &rank);
    MPI_Comm_size(MPI_COMM_WORLD, &size);
    printf("I'm rank %d\n", rank);
    if(0 == rank)
    {
        senddata = 66;
        MPI_Send(&senddata, 1, MPI_INT, 2, 1, MPI_COMM_WORLD);
        printf("Rank %d sent message %d\n", rank, senddata);
    }
    else if(1 == rank)
    {
        MPI_Recv(&recvdata, 1, MPI_INT, 0, 1, MPI_COMM_WORLD, &status);
        printf("Rank %d got message %d\n", rank, recvdata);
    }
    MPI_Finalize();
    return 0;
}
```

程序 10-3 的编译、运行如图 10-4 所示。

```
vito@ubuntu:~/workspace/coursepp/ch4$ mpicc -g -Wall -o mpi-hi1 mpi-hi1.c
vito@ubuntu:~/workspace/coursepp/ch4$ mpiexec -n 4 ./mpi-hi1
I'm rank 0
Rank 0 sent message 66
I'm rank 3
I'm rank 1
I'm rank 2
```

图 10-4 程序 10-3 的运行及结果

从程序 10-3 中可以看出，MPI_Send 和 MPI_Recv 中的 dest 和 source 参数不匹配，所以运行后调用 MPI_Recv 函数的进程(1 号进程)一直处于接收消息的状态，而被永远阻塞在那里，导致后面的 printf 语句无法执行。

再来看程序 10-4。

程序 10-4

```c
#include <stdio.h>
#include "mpi.h"
int main(void)
{
    int rank, size;
    int senddata, recvdata;
    MPI_Status status;
    MPI_Init(NULL, NULL);
    MPI_Comm_rank(MPI_COMM_WORLD, &rank);
    MPI_Comm_size(MPI_COMM_WORLD, &size);
    printf("I'm rank %d\n", rank);
    if(0 == rank)
    {
        senddata = 66;
        MPI_Send(&senddata, 1, MPI_INT, 1, 1, MPI_COMM_WORLD);
        printf("Rank %d sent message %d\n", rank, senddata);
        senddata = 88;
        MPI_Send(&senddata, 1, MPI_INT, 1, 2, MPI_COMM_WORLD);
        printf("Rank %d sent message %d\n", rank, senddata);
    }
    else if(1 == rank)
    {
        MPI_Recv(&recvdata, 1, MPI_INT, 0, 3, MPI_COMM_WORLD, &status);
        printf("Rank %d got message %d\n", rank, recvdata);
    }
    MPI_Finalize();
```

```
    return 0;
}
```

程序 10-4 编译、运行结果如图 10-5 所示。

```
vito@ubuntu:~/workspace/coursepp/ch4$ mpicc -g -Wall -o mpi-hi2 mpi-hi2.c
vito@ubuntu:~/workspace/coursepp/ch4$ mpiexec -n 4 ./mpi-hi2
I'm rank 3
I'm rank 2
I'm rank 0
Rank 0 sent message 66
I'm rank 1
Rank 0 sent message 88
```

图 10-5　程序 10-4 的运行及结果

从程序 10-4 中可以看到，0 号进程通过 MPI_Send 发送了两个消息，分别是"66"和"88"，其 tag 参数分别是 1 和 2；1 号进程通过 MPI_Recv 试图从 0 号进程接收消息，但是由于 tag 参数为 3，所以接收不到消息而导致进程的阻塞悬挂。

将 1 号进程的接收参数 tag 改为 1，如程序 10-5 所示。

程序 10-5

```c
#include <stdio.h>
#include "mpi.h"
int main(void)
{
    int rank, size;
    int senddata, recvdata;
    MPI_Status status;
    MPI_Init(NULL, NULL);
    MPI_Comm_rank(MPI_COMM_WORLD, &rank);
    MPI_Comm_size(MPI_COMM_WORLD, &size);
    printf("I'm rank %d\n", rank);
    if(0 == rank)
    {
        senddata = 66;
        MPI_Send(&senddata, 1, MPI_INT, 1, 1, MPI_COMM_WORLD);
        printf("Rank %d sent message %d\n", rank, senddata);
        senddata = 88;
        MPI_Send(&senddata, 1, MPI_INT, 1, 2, MPI_COMM_WORLD);
        printf("Rank %d sent message %d\n", rank, senddata);
    }
    else if(1 == rank)
```

```
    {
        MPI_Recv(&recvdata, 1, MPI_INT, 0, 1, MPI_COMM_WORLD, &status);
        printf("Rank %d got message %d\n", rank, recvdata);
    }
    MPI_Finalize();
    return 0;
}
```

程序 10-5 的运行结果如图 10-6 所示。

图 10-6 程序 10-5 的运行结果

从图 10-6 中可以看出，1 号进程又接收到 0 号进程发送的 2 个消息中与 tag 匹配的一个，而另外一个不匹配的丢失了。

10.7 MPI_ANY_SOURCE 和 MPI_ANY_TAG

当一个进程需要接收多个进程的消息时，有一个顺序问题。就是说，接收进程会按照顺序来接收发送进程的消息，如果排在前面的进程被阻塞，那么后面进程的消息也无法被接收。实际上，多个发送消息进程完成任务的时间无法预测，就会导致这种状况出现。程序 10-6 模拟了两个进程 0 和 2 向进程 1 发送消息的情形，并在进程 0 中用 sleep(20)模拟进程 0 完成工作需要 20 秒。

程序 10-6

```
#include <stdio.h>
#include <unistd.h>
#include "mpi.h"
int main(void)
{
    int rank, size;
    int senddata, recvdata;
    MPI_Status status;
    MPI_Init(NULL, NULL);
```

```
MPI_Comm_rank(MPI_COMM_WORLD, &rank);
MPI_Comm_size(MPI_COMM_WORLD, &size);
printf("I'm rank %d\n", rank);
if(0 == rank)
{
    senddata = 66;
    sleep(20);
    MPI_Send(&senddata, 1, MPI_INT, 1, 1, MPI_COMM_WORLD);
    printf("Rank %d sent message %d\n", rank, senddata);
}
else if(2 == rank)
{
    senddata = 88;
    MPI_Send(&senddata, 1, MPI_INT, 1, 1, MPI_COMM_WORLD);
    printf("Rank %d sent message %d\n", rank, senddata);
}
else if(1 == rank)
{
    MPI_Recv(&recvdata, 1, MPI_INT, 0, 1, MPI_COMM_WORLD, &status);
    printf("Rank %d got message %d\n", rank, recvdata);
    MPI_Recv(&recvdata, 1, MPI_INT, 2, 1, MPI_COMM_WORLD, &status);
    printf("Rank %d got message %d\n", rank, recvdata);
}
MPI_Finalize();
return 0;
}
```

在进程 1 中按照 0 到 2 的顺序两次调用 MPI_Recv 接收消息。运行时,在进程 0 完成工作的 20 秒内,程序运行结果如图 10-7 所示。

```
vito@ubuntu:~/workspace/coursepp/ch4$ mpicc -g -Wall -o mpi-hi5 mpi-hi5.c
vito@ubuntu:~/workspace/coursepp/ch4$ mpiexec -n 4 ./mpi-hi5
I'm rank 3
I'm rank 1
I'm rank 2
Rank 2 sent message 88
I'm rank 0
```

图 10-7   程序 10-6 的运行结果

由于 MPI_Recv 是按顺序接收,所以整个进程 1 会在等待进程 0 的消息过程中处于阻塞状态，尽管进程 2 的消息已经发送出来了，但是进程 1 却无法接收。直到 20 秒后，进程 1 的工作完成，消息也顺利发出，进程 1 才分别接收了进程 0 和进程 2 的消息，如图 10-8 所示。

图 10-8　程序 10-6 的最终结果

MPI 提供了一个特殊的预定义常量 MPI_ANY_SOURCE 来解决这个问题，用预定义常量代替进程号传递给 MPI_Recv，在进程接收消息时就可以按照进程完成工作的顺序，而不是按代码里固定的顺序。

把 MPI_Recv 中的源进程号改为 "MPI_ANY_SOURCE" 的代码如下：

```
MPI_Recv(&recvdata, 1, MPI_INT, MPI_ANY_SOURCE, 1, MPI_COMM_WORLD, &status);
printf("Rank %d got message %d\n", rank, recvdata);
MPI_Recv(&recvdata, 1, MPI_INT, MPI_ANY_SOURCE, 1, MPI_COMM_WORLD, &status);
printf("Rank %d got message %d\n", rank, recvdata);
```

运行时，进程 1 就可以先接收到进程 2 发来的消息，如图 10-9 所示。

图 10-9　修改后的运行结果

对于 MPI_Recv 中的参数 tag 也存在类似的问题，MPI 同样提供了一个特殊常量 MPI_ANY_TAG 用来代替固定的 tag 编号，代码如下：

```
MPI_Recv(&recvdata, 1, MPI_INT, 0, MPI_ANY_TAG, MPI_COMM_WORLD, &status);
printf("Rank %d got message %d\n", rank, recvdata);
MPI_Recv(&recvdata, 1, MPI_INT, 0, MPI_ANY_TAG, MPI_COMM_WORLD, &status);
printf("Rank %d got message %d\n", rank, recvdata);
```

10.8 消息状态

MPI 发送和接收消息函数的参数十分类似，最大的区别就是接收函数 MPI_Recv 中独有一个参数 MPI_Status，这个参数指示的变量存放接收消息的状态，一般包括消息的源进程(dest)、消息标签(tag)、消息数据项的个数(count)。当一个接收进程从不同发送进程接收不同大小和不同标签的消息时，消息状态信息十分有用。示例见程序 10-7。

程序 10-7

```c
#include <stdio.h>
#include <unistd.h>
#include "mpi.h"
int main(void)
{
    int rank, size;
    int senddata, recvdata;
    MPI_Status status;
    MPI_Init(NULL, NULL);
    MPI_Comm_rank(MPI_COMM_WORLD, &rank);
    MPI_Comm_size(MPI_COMM_WORLD, &size);
    printf("I'm rank %d\n", rank);
    if(0 == rank)
    {
        senddata = 66;
        MPI_Send(&senddata, 1, MPI_INT, 1, 1, MPI_COMM_WORLD);
        printf("Rank %d sent message %d with tag 1\n", rank, senddata);
    }
    else if(2 == rank)
    {
        senddata = 88;
        MPI_Send(&senddata, 1, MPI_INT, 1, 1, MPI_COMM_WORLD);
        printf("Rank %d sent message %d with tag 1\n", rank, senddata);
        sleep(5);
        MPI_Send(&senddata, 1, MPI_INT, 1, 2, MPI_COMM_WORLD);
        printf("Rank %d sent message %d with tag 2\n", rank, senddata);
    }
    else if(1 == rank)
    {
        int flag = 1;
```

```
        while(flag)
        {
                MPI_Recv(&recvdata,  1,  MPI_INT,  MPI_ANY_SOURCE,  MPI_ANY_TAG,  MPI_COMM_
WORLD, &status);
                switch(status.MPI_TAG)
                {
                        case 1: printf("Rank %d got message %d with tag 1\n", rank, recvdata); break;
                        case 2: printf("Rank %d got message %d with tag 2\n", rank, recvdata); flag = 0; break;
                }
        }
    MPI_Finalize();
    return 0;
}
```

编译程序 10-7，运行结果如图 10-10 所示。

```
vito@ubuntu:~/workspace/coursepp/ch4$ mpicc -g -Wall -o mpi-hi6 mpi-hi6.c
vito@ubuntu:~/workspace/coursepp/ch4$ mpiexec -n 4 ./mpi-hi6
I'm rank 0
Rank 0 sent message 66 with tag 1
I'm rank 1
Rank 1 got message 66 with tag 1
I'm rank 2
Rank 2 sent message 88 with tag 1
Rank 1 got message 88 with tag 1
I'm rank 3
Rank 2 sent message 88 with tag 2
Rank 1 got message 88 with tag 2
vito@ubuntu:~/workspace/coursepp/ch4$
```

图 10-10　程序 10-7 的运行结果

第 11 章　MPI 程序设计进阶

上一章介绍了 MPI 的一些基本概念和基础操作，主要集中在点对点的通信方面，本章将主要介绍 MPI 集合通信。

11.1　集合通信

在第 10 章中，所有操作都是通过编程者指定发送者和接收者来实现的，可以称之为点对点的通信，这种做法十分复杂，而且也不能保证编程者能够以此写出最佳性能的程序。因此，MPI 提供了一种包含进程组中所有进程的全局通信操作，称之为集合通信。集合通信可以和点对点通信共用一个通信域而不产生消息混淆，一般实现了三个功能：通信、聚集和同步。通信功能主要完成进程组内进程间数据的传输；聚集功能是在通信功能的基础上对给定的数据完成一定的操作，有些类似 OpenMP 中的归约；同步功能使进程组内所有进程等待在特定的地点上，从而达到进程执行进度上的一致，有些类似 OpenMP 中的栅栏。

11.2　广播

在一个集合通信中，如果属于一个进程的数据被发送给通信域中的所有进程，这样的集合通信就叫做广播(broadcast)，MPI 提供的广播函数如下：

```
Int MPI_Bcast(void* buf, int count, MPI_DataType datatype, int source, MPI_Comm comm)
```

其中包含数据的进程为 source，它将 buf 所引用的数据发送给通信域 comm 中所有的进程。在程序 11-1 中，进程 0 接收到用户输入的数据后，通过广播将数据发送给通信域中的所有进程，每个进程都将接收到的数据打印出来。

程序 11-1

```
#include <stdio.h>
#include <mpi.h>
int main(void) {
    int rank, size;
```

```
MPI_Init(NULL, NULL);
MPI_Comm_rank(MPI_COMM_WORLD, &rank);
MPI_Comm_size(MPI_COMM_WORLD, &size);


int n = 0;
if (0 == rank)
{
    printf("Enter n:\n");
    scanf("%d", &n);
}
MPI_Bcast(&n, 1, MPI_INT, 0, MPI_COMM_WORLD);

printf("Process %d got %d\n", rank, n);


MPI_Finalize();
return 0;
}
```

其编译、运行结果如图 11-1 所示。

```
vito@ubuntu:~/workspace/coursepp/ch5$ mpicc -g -Wall -o mpi-bcast mpi-bcast.c
vito@ubuntu:~/workspace/coursepp/ch5$ mpiexec -n 4 ./mpi-bcast
Enter n:
567
Process 1 got 567
Process 2 got 567
Process 3 got 567
Process 0 got 567
vito@ubuntu:~/workspace/coursepp/ch5$
```

图 11-1　程序 11-1 的编译及运行结果

11.3　归约

广播是将消息发散出去，那么归约就是将消息集中起来处理的方法。归约操作是指对分布在不同进程中的数据间进行交互运算，常用的运算有求和、求最大或最小值等。归约函数的基本形式是

```
MPI_Reduce(void* send_buf, void* recv_buf, int count, MPI_DataType datatype, MPI_Op operator, int dest,
MPI_Comm comm)
```

其中，send_buf 是每个进程所包含的数据，rect_buf 是归约处理的结果，opeartor 是归约操作符，dest 是目标进程，也就是获得 recv_buf 的进程。程序 11-2 将每个进程号累加起来。

程序 11-2

```
#include <stdio.h>
#include <mpi.h>
int main(void) {
    int rank, size, send_buff, recv_buff;
    MPI_Init(NULL, NULL);
    MPI_Comm_rank(MPI_COMM_WORLD, &rank);
    MPI_Comm_size(MPI_COMM_WORLD, &size);

    recv_buff = 0;
    send_buff = rank+10;
    MPI_Reduce(&send_buff, &recv_buff, 1, MPI_INT, MPI_SUM, 0, MPI_COMM_WORLD);
    if (0 == rank)
        printf("process %d, total: %d\n", rank, recv_buff);

    MPI_Finalize();
    return 0;
}
```

执行结果如图 11-2 所示。

```
vito@YANG-X260:~/workspace/coursepp/ch5$ mpiexec -n 4 ./mpi-reduce
process 0, total: 46
```

图 11-2　程序 11-2 的执行结果

11.4　全局归约

使用 MPI_Reduce 语句需要指定一个目标进程，也就是说，只有一个进程能得到全局的归约结果。但是在某些应用之中，所有的进程都需要得到最后的结果，以便可以完成更灵活的计算。MPI 提供了 MPI_Reduce 的一个变种 MPI_Allreduce 来实现这项功能，具体形式如下：

```
MPI_Allreduce(void* send_buf, void* recv_buf, int count, MPI_DataType datatype, MPI_Op operator,
MPI_Comm comm)
```

它和 MPI_Reduce 的区别在于去掉了 dest 参数，如程序 11-3 所示。

程序 11-3

```c
#include <stdio.h>
#include <mpi.h>
int main(void) {
    int rank, size, send_buff, recv_buff;
    MPI_Init(NULL, NULL);
    MPI_Comm_rank(MPI_COMM_WORLD, &rank);
    MPI_Comm_size(MPI_COMM_WORLD, &size);

    recv_buff = 0;
    send_buff = rank;
    MPI_Allreduce(&send_buff, &recv_buff, 1, MPI_INT, MPI_SUM, MPI_COMM_WORLD);
    printf("process %d, total: %d\n", rank, recv_buff);

    MPI_Finalize();
    return 0;
}
```

执行结果如图 11-3 所示。

```
vito@YANG-X260:~/workspace/coursepp/ch5$ mpiexec -n 4 ./mpi-allreduce
process 0, total: 46
process 1, total: 46
process 2, total: 46
process 3, total: 46
```

图 11-3　程序 11-3 的运行结果

11.5　散射

散射(MPI_Scatter)与广播非常相似，都是一对多的通信方式，不同的是散射将一段数据的不同部分发送给不同的进程，而广播则是将相同的数据发送给所有的进程，其区别可以用图 11-4 概括。

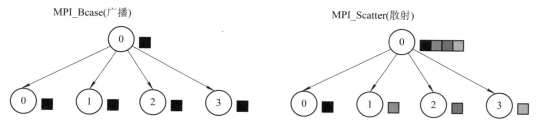

图 11-4　散射与广播的区别

散射函数格式如下：

MPI_Scatter(void* send_buf, int send_count, MPI_DataType datatype, void* recv_buf, int recv_count, MPI_DataType datatype, int source, MPI_Comm comm)

下面是示例程序 11-4。

程序 11-4

```
#include <stdio.h>
#include <stdlib.h>
#include <mpi.h>
#define N 2
int main(void) {
    int i, rank, size;
    int *send_buff;
    int *recv_buff;

    MPI_Init(NULL, NULL);
    MPI_Comm_rank(MPI_COMM_WORLD, &rank);
    MPI_Comm_size(MPI_COMM_WORLD, &size);

    recv_buff = malloc(N*sizeof(int));
    send_buff = malloc(size*N*sizeof(int));
    if (0 == rank )
    {
        for (i = 0; i < size * N; i++)
        {
            send_buff[i] = i + 10;
            printf("rank %d, send_buff[%d] = %d\n", rank, i, send_buff[i]);
        }
        printf("\n");
    }
    MPI_Scatter(send_buff, N, MPI_INT,
                recv_buff, N, MPI_INT, 0, MPI_COMM_WORLD);

    for (i = 0; i < N; i++)
    {
        printf("rank %d, recv_buff[%d] = %d\n", rank, i, recv_buff[i]);
    }

    free(recv_buff);
```

```
        free(send_buff);

        MPI_Finalize();
        return 0;
}
```

执行结果图 11-5 所示。

```
vito@YANG-X260:~/workspace/coursepp/ch5$ mpiexec -n 4 ./mpi-scatter
rank 0, send_buff[0] = 10
rank 0, send_buff[1] = 11
rank 0, send_buff[2] = 12
rank 0, send_buff[3] = 13
rank 0, send_buff[4] = 14
rank 0, send_buff[5] = 15
rank 0, send_buff[6] = 16
rank 0, send_buff[7] = 17

rank 0, recv_buff[0] = 10
rank 0, recv_buff[1] = 11
rank 1, recv_buff[0] = 12
rank 1, recv_buff[1] = 13
rank 3, recv_buff[0] = 16
rank 3, recv_buff[1] = 17
rank 2, recv_buff[0] = 14
rank 2, recv_buff[1] = 15
```

图 11-5　程序 11-4 的运行结果

可见，散射将进程 0 的数组平均分配给 0 到 4 号进程，每个进程分得 2 个数。

11.6　聚集

与散射相对的就是聚集，其作用是从所有的进程中将每个进程的数据集中到目标进程中，如图 11-6 所示。

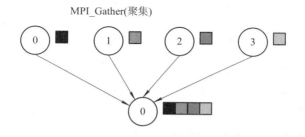

图 11-6　聚集说明

聚集函数格式如下：

MPI_Gather(void* send_buf, int send_count, MPI_DataType datatype, void* recv_buf, int recv_count, MPI_DataType datatype, int dest, MPI_Comm comm)

示例见程序 11-5。

程序 11-5

```c
#include <stdio.h>
#include <stdlib.h>
#include <mpi.h>
#define N 1
int main(void) {
    int i, rank, size;
    int send_buff;
    int *recv_buff;

    MPI_Init(NULL, NULL);
    MPI_Comm_rank(MPI_COMM_WORLD, &rank);
    MPI_Comm_size(MPI_COMM_WORLD, &size);

    recv_buff = malloc(size*N*sizeof(int));
    send_buff = rank+10;
    MPI_Gather(&send_buff, N, MPI_INT, recv_buff, N, MPI_INT, 0, MPI_COMM_WORLD);
    if (0 == rank)
    {
        for (i = 0; i < size*N; i++)
        {
            printf("rank %d, recv_buff[%d] = %d\n", rank, i, recv_buff[i]);
        }
    }
    free(recv_buff);

    MPI_Finalize();
    return 0;
}
```

执行结果如图 11-7 所示。

```
vito@YANG-X260:~/workspace/coursepp/ch5$ mpiexec -n 4 ./mpi-gather
rank 0, recv_buff[0] = 10
rank 0, recv_buff[1] = 11
rank 0, recv_buff[2] = 12
rank 0, recv_buff[3] = 13
```

图 11-7　程序 11-5 的运行结果

11.7　全局聚集

与归约类似，聚集也有扩展，称作全局聚集(MPI_Allgather)。MPI_Allgather 将分布在所有进程中的数据集中到每个进程中，如图 11-8 显示。

MPI_Allgather(全局聚集)

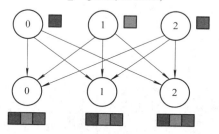

图 11-8　全局聚集的说明

其函数格式如下：

MPI_Gather(void* send_buf, int send_count, MPI_DataType datatype, void* recv_buf, int recv_count, MPI_DataType datatype, MPI_Comm comm)

它与普通聚集函数最大区别就是去掉了目标进程。

示例见程序 11-6。

程序 11-6

```
#include <stdio.h>
#include <stdlib.h>
#include <mpi.h>
#define N 1
int main(void) {
    int i, rank, size;
    int send_buff;
    int *recv_buff;

    MPI_Init(NULL, NULL);
    MPI_Comm_rank(MPI_COMM_WORLD, &rank);
    MPI_Comm_size(MPI_COMM_WORLD, &size);

    recv_buff = malloc(size*N*sizeof(int));
    send_buff = rank+10;
    MPI_Allgather(&send_buff, N, MPI_INT, recv_buff, N, MPI_INT, MPI_COMM_WORLD);
```

```
    for (i = 0; i < size*N; i++)
    {
        printf("rank %d, recv_buff[%d] = %d\n", rank, i, recv_buff[i]);
    }
    free(recv_buff);

    MPI_Finalize();
    return 0;
}
```

运行结果如图 11-9 所示。

```
vito@YANG-X260:~/workspace/coursepp/ch5$ mpiexec -n 4 ./mpi-allgather
rank 0, recv_buff[0] = 10
rank 0, recv_buff[1] = 11
rank 0, recv_buff[2] = 12
rank 0, recv_buff[3] = 13
rank 1, recv_buff[0] = 10
rank 2, recv_buff[0] = 10
rank 2, recv_buff[1] = 11
rank 2, recv_buff[2] = 12
rank 2, recv_buff[3] = 13
rank 3, recv_buff[0] = 10
rank 3, recv_buff[1] = 11
rank 3, recv_buff[2] = 12
rank 3, recv_buff[3] = 13
rank 1, recv_buff[1] = 11
rank 1, recv_buff[2] = 12
rank 1, recv_buff[3] = 13
```

图 11-9　程序 11-6 的运行结果

习题

1. 将程序 11-2 中的规归操作符(MPI_SUM)替换为其他操作符，比如 MPI_MAX，输出结果会是什么？

2. 如果将程序 11-2 中 0 == rank 一句的判断条件从 0 号进程改为其他进程号，输出结果会是什么？

3. 如果用广播和 MPI_Reduce 配合是否能达到 MPI_Allreduce 的效果？

4. MPI 的基本的通信方式有哪些？

5. 进程 0 要将消息 M0 发送给进程 1，进程 1 要将消息 M1 发送给进程 0。下列哪几种情况下可能出现"死锁"，并解释原因。

A. 进程 0 先执行 MPI_Send 发送 M0，然后执行 MPI_Recv 接收 M1；进程 1 先执行 MPI_Send 发送 M1，然后执行 MPI_Recv 接收 M0。

B. 进程 0 先执行 MPI_Recv 接收 M1，然后执行 MPI_Send 发送 M0；进程 1 先执行

MPI_Recv 接收 M0，然后执行 MPI_Send 发送 M1。

  C. 进程 0 先执行 MPI_Send 发送 M0，然后执行 MPI_Recv 接收 M1；进程 1 先执行 MPI_Send 发送 M1，然后执行 MPI_Recv 接收 M0。

  D. 进程 0 先执行 MPI_Recv 接收 M1，然后执行 MPI_Send 发送 M0；进程 1 先执行 MPI_Recv 接收 M0，然后执行 MPI_Send 发送 M1。

  6. MPI 消息包括信封和内容两个部分，请指出在 MPI_Send 和 MPI_Recv 语句中哪些参数和信封相关，哪些参数和内容相关。

  7. MPI 程序片段如下，当有 4 个进程时，第 3 个进程的输出结果是多少？

```
…
int sendbuf[4] = {0, 1, 2, 3};
int recvbuf = 0;
int recvcount[4] = {0, 1, 1, 0};
MPI_Reduce_scatter( sendbuf, &recvbuf, recvcount, MPI_INT, MPI_SUM, MPI_COMM_WORLD);
printf("recvbuf %d, \n", recvbuf);
…
```

  8. MPI 程序片段如下，求输出。

```
int count = 0;
…
if(rank == 0)
    MPI_Send(buf, 10, MPI_INT, 1, tag, MPI_COMM_WORLD);
else
    MPI_Recv(buf, 100, MPI_INT, 0, tag, MPI_COMM_WORLD, &stat);
MPI_Get_count(&stat, MPI_INT, &count);
if(rank == 1) printf("%d \n", count);
…
```

  9. 请将第 9 章习题 7 中的串行代码通过 MPI_Send 和 MPI_Recv 语句改写成 MPI 程序。

  10. 请将第 9 章习题 7 中的串行代码通过 MPI_Reduce 语句改写成 MPI 程序。

  11. 能否用聚集语句(MPI_Gather)改写第 9 章习题 7 中的串行代码？如果能，请改写成 MPI 程序；如果不能，请说明原因。